职业院校"双证融通"改革示范系列教材

Multisim 10仿真实验

董新娥　袁佩宏　编著

机械工业出版社
CHINA MACHINE PRESS

本书是职业院校"双证融通"改革示范系列教材之一。全书共分为 6 章，第 1 章为 Multisim 10 概述，第 2 章为电工基础仿真实验，第 3 章为模拟电路仿真实验，第 4 章为数字电路仿真实验，第 5 章为基本单元电路仿真实验，第 6 章为实用电路仿真实验。本书内容安排由浅入深、由易到难，并在每节后面配有思考题，帮助学生更扎实、全面地掌握所学知识。

本书可作为中等职业学校电气运行与控制、汽车运用与维修等专业的教材，亦可作为电工电子技术设计和应用岗位相关人员的参考书。

为方便教学，本书配有电子课件等教学资源，选择本书作为教材的教师可来电（010- 88379195）索取，或登录 www.cmpedu.com 网站免费注册、下载。

图书在版编目（CIP）数据

Multisim 10 仿真实验/董新娥，袁佩宏编著. —北京：机械工业出版社，2018. 8（2025. 1 重印）

职业院校"双证融通"改革示范系列教材

ISBN 978-7-111-60484-6

Ⅰ.①M… Ⅱ.①董… ②袁… Ⅲ.①电子电路-电路设计-计算机辅助设计-应用软件-中等专业学校-教材 Ⅳ.①TN702

中国版本图书馆 CIP 数据核字（2018）第 200575 号

机械工业出版社（北京市百万庄大街 22 号 邮政编码 100037）
策划编辑：赵红梅 责任编辑：赵红梅
责任校对：郑 婕 封面设计：路恩中
责任印制：常天培
固安县铭成印刷有限公司印刷
2025 年 1 月第 1 版第 6 次印刷
184mm×260mm · 12.5 印张 · 306 千字
标准书号：ISBN 978-7-111-60484-6
定价：33. 00 元

本书是根据中等职业学校对电子技术实验课程的教学要求，结合编者在电子技术实验方面长期的教学经验编写而成的。本书主要包括 Multisim 10 概述、电工基础仿真实验、模拟电路仿真实验、数字电路仿真实验、基本单元电路仿真实验、实用电路仿真实验内容。

本书的主要特色如下：

(1) 强化操作技能培养，提高学习效率。

Multisim 软件功能十分强大，在计算机广泛应用的今天，只要在计算机上安装此软件，就相当于拥有了一个元器件齐全、设备精良的实验室，可以随心所欲地搭建各种电路。接上虚拟仪器、仪表，运行仿真就可以测试得到精确的数据和直观的波形，使实验做得既快又准，且重复性好，避免实验实物复杂、易损、效率低的缺点。

(2) 依据教学大纲及职业资格要求编写仿真实验指导，便于学生参照练习。

本书中的实验内容依据电气运行与控制专业、双证融通电子技术课程、维修电工初中级电子课程、汽修电子初级课程的教学要求，精选仿真实验项目，将理论知识与实践训练紧密结合，书中"基本单元电路仿真实验""实用电路仿真实验"就脱胎于上海市相关等级工考证科目，结合 Multisim 特点编写而成，实用性强。本书不仅能激发学生的学习兴趣，而且能加深学生对理论知识的理解，提升学习效果。

(3) 简明易学，可操作性强。

为了便于教师教学及学生学习，本书中每一个实验都包含简明的电路原理介绍、详细的实验内容与步骤，以及实验数据结果分析。哪怕是一个很小的知识点，如电压、电位、容抗、感抗，都编写一个实验帮助学生准确理解。本书既是一本教材，又可作为一本电子技术实验手册。

此外，编著者还精心设计了教材的体系结构，在内容编排上由浅入深、由易到难、理论联系实际，符合学生的认知规律，切实贯彻"做中教、做中学"的理念。

全书共分 6 章。第 1 章为 Multisim 10 概述，第 2 章为电工基础仿真实验，第 3 章为模拟电路仿真实验，第 4 章为数字电路仿真实验，第 5 章为基本单元电路仿真实验，第 6 章为实用电路仿真实验。

本书第 6 章是某校双证融通考证用实际电路，可作为阅读或选学内容。由于 Multisim 元件库中没有 7107 集成块，其中图 6-1 和图 6-2 是在 PROTEUS 环境中绘制的。

为了使学生能够更扎实、更全面地掌握所学知识，书中每一个实验后面都附有思考题，既是对实验本身的提升，又是对学生学习的有益补充。

本书由上海市大众工业学校董新娥、袁佩宏编著，全书由董新娥统稿。在编写过程中，编者参阅了许多专家的论著资料，在此一并致谢。编者竭诚希望本书能为读者学习电子技术提供帮助，并希望广大读者来信交流，邮箱：1097616765@qq.com。

由于编者水平有限，书中不妥之处在所难免，敬请广大读者批评指正。

说明：为了方便读者阅读及利用 Multisim 10 软件进行仿真，书中仿真电路图的图形符号与文字符号均沿用 Multisim 10 软件中的惯用符号，未统一采用国家标准符号。正文中的元器件符号如 R_x、C_x、L_x 等与仿真电路图中的 R_x、C_x、L_x 等相对应（其中 $x = 1, 2, 3\cdots$）。

编著者

目　录

第1章

Multisim 10概述

1.1　Multisim 软件简介

Multisim 本是加拿大图像交互技术公司（Interactive Image Technoligics，简称 IIT 公司）推出的用于电路仿真与设计的 EDA 软件，后被美国 NI 公司收购，更名为 NI Multisim。Multisim 具有强大的仿真分析功能，可以进行电路设计、电路功能测试的虚拟仿真。

Multisim 软件的虚拟测试仪器仪表种类齐全，有一般实验室所用的通用仪器，如直流电源、函数信号发生器、万用表、双踪示波器，还有一般实验室少有或没有的仪器，如波特图仪、数字信号发生器、逻辑分析仪、逻辑转换器、失真仪、频谱分析仪和网络分析仪等。该软件的元器件库中有数以万计的电路元器件供实验选用，不仅提供了元器件的理想模型，还提供了元器件的实际模型，同时还可以新建或扩充已有的元器件库，而且建库所需的元器件参数可以从生产厂商的产品使用手册中查到，与生产实际紧密相联，可以非常方便地用于实际的工程设计。该软件可以对被仿真的电路中的元器件设置各种故障，如开路、短路和不同程度的漏电等，从而观察不同故障情况下的电路工作状况。在进行仿真的同时，该软件还可以存储测试点的所有数据，列出被仿真电路的所有元器件清单，以及存储测试仪器的工作状态、显示波形和具体数据等；该软件还具有多种电路分析功能，如直流工作点分析、交流分析、瞬态分析、傅里叶分析、失真分析、噪声分析、直流扫描分析、参数扫描分析等，便于设计人员对电路的性能进行推算、判断和验证。

与传统的实物实验比较，基于 Multisim 软件的仿真实验主要有以下特点：

（1）设计和实验用的元器件及测试仪器仪表齐全，可以克服传统实验室的各种条件限制，完成各种类型的电路设计与实验。

（2）实验成本低，实验中不消耗实际的元器件，实验所需元器件的种类和数量不受限制。有些实验设备价格昂贵，使用复杂，在一般传统实验室里很难为学生提供使用机会，而在虚拟实验室里则可轻而易举地解决这个难题，让学生随心所欲地调用各种实验设备，从而可以克服因经费不足造成对实验的制约。

（3）实验效率高。在仿真实验中，可以克服采用传统实验方式进行实验时所遇到的诸多因素的干扰和影响，例如不会因为实验设备的损坏、接触不良而影响实验的正常进行，从而使实验结果更好地反映出实验的本质过程，更加快捷、准确。

（4）分析方法多，可以完成电路的瞬态分析和稳态分析、时域和频域分析、器件的线性和非线性分析、电路的噪声分析和失真分析、离散傅里叶分析、电路零极点分析、交直流灵敏度分析等电路分析方法，能够快速、轻松、高效地对电路参数进行测试和分析，使设计与实验同步进行，可以边设计边实验，修改调试方便。还可直接打印输出实验数据、测试参数、曲线和电路原理图。

Multisim 软件易学易用，可以很好地解决理论教学与实际动手实验相脱节的问题。学生可以很方便、快捷地把刚刚学到的理论知识用计算机仿真真实地再现出来，不仅可以克服传统实验室各种条件的限制，还可以针对不同的目的，例如针对验证、测试、设计、纠错、创新等进行训练，极大地提高了学生的学习热情和积极性，真正地做到了变被动学习为主动学习，使学生的分析、应用、设计和创新能力显著提高。

Multisim 的工作界面非常直观、形象逼真，只要稍加学习就可以较熟练地使用该软件。本书以 Multisim 10 为例介绍 Multisim 软件的使用方法。

1.2 Multisim 10 的主窗口界面

1. 开机界面

（1）单击桌面上的 Multisim 图标，如图 1-1 所示。启动 Multisim10 以后，出现以下界面，如图 1-2 所示。

（2）Multisim 10 打开后的界面如图 1-3 所示。

Multisim 10 主窗口界面主要由菜单栏、工具栏、缩放栏、设计栏、仿真栏、工程栏、元器件工具栏、仪器栏、电路图编辑窗口等部分组成。

图 1-1 Multisim 图标

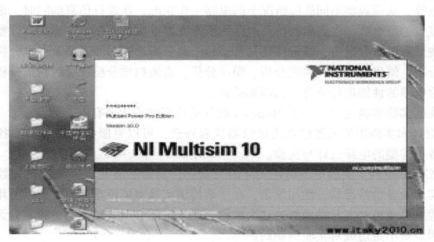

图 1-2 Multisim 10 启动界面

打开 Multisim 10 后，可以直接在电路绘制窗口绘制电路原理图，系统默认将文件保存在"电路 1"中，如果有必要也可以指定保存路径及文件名。

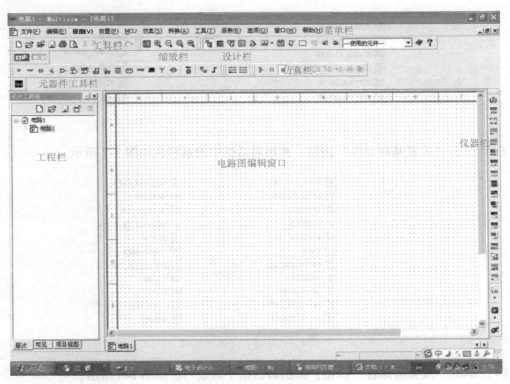

图 1-3　Multisim 10 主窗口界面

2. Multisim 10 常用元器件库分类

Multisim 10 的元器件工具栏按元器件模型分门别类地放到 18 个元器件库中。每个元器件库中放置同一类型的元器件。元器件库按钮（以元件符号区分）组成元器件工具栏。如图 1-4 所示，元器件工具栏通常放置在工作窗口的上面，不过也可以任意移动这一工具栏。移动方法为将光标指向工具栏端部的双线处，按住鼠标左键不放，拖动工具栏即可。

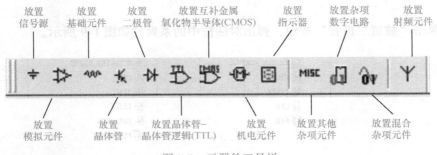

图 1-4　元器件工具栏

（1）单击"放置信号源"按钮，弹出对话框中的系列栏如图1-5所示。

（2）单击"放置模拟元件"按钮，弹出对话框中系列栏如图1-6所示。

电源	POWER_SOURCES	模拟虚拟元件	ANALOG_VIRTUAL
信号电压源	SIGNAL_VOLTAG...	运算放大器	OPAMP
信号电流源	SIGNAL_CURREN...	诺顿运算放大器	OPAMP_NORTON
控制函数器件	CONTROL_FUNCT...	比较器	COMPARATOR
电压控源	CONTROLLED_VO...	宽带运算放大器	WIDEBAND_AMPS
电流控源	CONTROLLED_CU...	特殊功能运算放大器	SPECIAL_FUNCTION

图1-5　信号源系列栏　　　　　　　图1-6　模拟元件系列栏

（3）单击"放置基础元件"按钮，弹出对话框中的系列栏如图1-7所示。

基本虚拟元件	BASIC_VIRTUAL	可变电容器	VARIABLE_CAPAC...
定额虚拟元件	RATED_VIRTUAL	电感器	INDUCTOR
三维虚拟元件	3D_VIRTUAL	贴片电感器	INDUCTOR_SMT
电阻器	RESISTOR	可变电感器	VARIABLE_INDUCTOR
贴片电阻器	RESISTOR_SMT	开关	SWITCH
电阻器组件	RPACK	变压器	TRANSFORMER
电位器	POTENTIOMETER	非线性变压器	NON_LINEAR_TRA...
电容器	CAPACITOR	Z负载	Z_LOAD
电解电容器	CAP_ELECTROLIT	继电器	RELAY
贴片电容器	CAPACITOR_SMT	连接器	CONNECTORS
贴片电解电容器	CAP_ELECTROLIT...	插座、管座	SOCKETS

图1-7　基础元件系列栏

（4）单击"放置晶体管"按钮，弹出对话框中的系列栏如图1-8所示。

虚拟晶体管	TRANSISTORS_VIRTUAL	N沟道耗尽型MOS管	MOS_3TDN
双极结型NPN晶体管	BJT_NPN	N沟道增强型MOS管	MOS_3TEN
双极结型PNP晶体管	BJT_PNP	P沟道增强型MOS管	MOS_3TEP
NPN型达林顿管	DARLINGTON_NPN	N沟道耗尽型结型场效应晶体管	JFET_N
PNP型达林顿管	DARLINGTON_PNP	P沟道耗尽型结型场效应晶体管	JFET_P
达林顿管阵列	DARLINGTON_ARRAY	N沟道MOS功率管	POWER_MOS_N
带阻NPN晶体管	BJT_NRES	P沟道MOS功率管	POWER_MOS_P
带阻PNP晶体管	BJT_PRES	MOS功率对管	POWER_MOS_COMP
双极结型晶体管阵列	BJT_ARRAY	UHT管	UJT
MOS门控开关管	IGBT	温度模型NMOSFET管	THERMAL_MODELS

图1-8　晶体管系列栏

（5）单击"放置二极管"按钮，弹出对话框中的系列栏如图1-9所示。

虚拟二极管	DIODES_VIRTUAL	肖特基二极管	SCHOTTKY_DIODE
二极管	DIODE	单向晶闸管	SCR
齐纳二极管	ZENER	双向二极管开关	DIAC
发光二极管	LED	双向晶闸管	TRIAC
二极管整流桥	FWB	变容二极管	VARACTOR
		PIN结二极管	PIN_DIODE

图1-9　二极管系列栏

（6）单击"放置晶体管-晶体管逻辑（TTL）"按钮，弹出对话框中的系列栏如图 1-10 所示。

74STD系列	74STD	74F系列	74F
74S系列	74S	74ALS系列	74ALS
74LS系列	74LS	74AS系列	74AS

图 1-10 晶体管-晶体管逻辑（TTL）系列栏

（7）单击"放置互补金属氧化物半导体（CMOS）"按钮，弹出对话框中的系列栏如图 1-11 所示。

CMOS_5V系列	CMOS_5V	74HC_6V系列	74HC_6V
74HC_2V系列	74HC_2V	TinyLogic_2V系列	TinyLogic_2V
CMOS_10V系列	CMOS_10V	TinyLogic_3V系列	TinyLogic_3V
74HC_4V系列	74HC_4V	TinyLogic_4V系列	TinyLogic_4V
CMOS_15V系列	CMOS_15V	TinyLogic_5V系列	TinyLogic_5V
		TinyLogic_6V系列	TinyLogic_6V

图 1-11 互补金属氧化物半导体（CMOS）系列栏

（8）单击"放置机电元件"按钮，弹出对话框中的系列栏如图 1-12 所示。

检测开关	SENSING_SWITCHES	线圈和继电器	COILS_RELAYS
瞬时开关	MOMENTARY_SWI...	线性变压器	LINE_TRANSFORMER
接触器	SUPPLEMENTARY...	保护装置	PROTECTION_DE...
定时接触器	TIMED_CONTACTS	输出设备	OUTPUT_DEVICES

图 1-12 机电元件系列栏

（9）单击"放置指示器"按钮，弹出对话框中的系列栏如图 1-13 所示。

电压表	VOLTMETER	灯泡	LAMP
电流表	AMMETER	虚拟灯泡	VIRTUAL_LAMP
探测器	PROBE	十六进制显示器	HEX_DISPLAY
蜂鸣器	BUZZER	条形光柱	BARGRAPH

图 1-13 指示器系列栏

（10）单击"放置其他杂项元件"按钮，弹出对话框中的系列栏如图 1-14 所示。

其他虚拟元件	MISC_VIRTUAL	降压/升压变换器	BUCK_BOOST_CONVERTER
传感器	TRANSDUCERS	有损耗传输线	LOSSY_TRANSMISSION_LINE
光电晶体管型光耦合器	OPTOCOUPLER	无损耗传输线1	LOSSLESS_LINE_TYPE1
晶振	CRYSTAL	无损耗传输线2	LOSSLESS_LINE_TYPE2
真空电子管	VACUUM_TUBE	滤波器	FILTERS
熔断器	FUSE	场效应晶体管驱动器	MOSFET_DRIVER
三端稳压器	VOLTAGE_REGULATOR	电源功率控制器	POWER_SUPPLY_CONTROLLER
基准电压器件	VOLTAGE_REFERENCE	混合电源功率控制器	MISCPOWER
电压干扰抑制器	VOLTAGE_SUPPRESSOR	脉宽调制控制器	PWM_CONTROLLER
降压变换器	BUCK_CONVERTER	网络	NET
升压变换器	BOOST_CONVERTER	其他元件	MISC

图 1-14 其他杂项元件系列栏

（11）单击"放置杂项数字电路"按钮，弹出对话框中的系列栏如图 1-15 所示。

图 1-15　杂项数字电路系列栏

（12）单击"放置混合杂项元件"按钮，弹出对话框中的系列栏如图 1-16 所示。

图 1-16　混合杂项元件系列栏

（13）单击"放置射频元件"按钮，弹出对话框中的系列栏如图 1-17 所示。

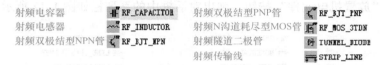

图 1-17　射频元件系列栏

至此，Multisim10 的元器件库及元器件全部介绍完毕，希望对学生在创建仿真电路寻找元器件时有一定的帮助。这里还有几点说明：

1）这里的虚拟元件指的是现实中不存在的元件，也可以理解为它们的元件参数可以任意修改和设置的元件。比如一个 1.034Ω 电阻、一个 2.3μF 电容等不规范的特殊元件，就可以选择虚拟元件通过设置参数实现。

2）与虚拟元件相对应，我们把现实中可以找到的元件称为真实元件或称现实元件。例如电阻的"元件"栏中就列出了 1.0Ω ~22MΩ 的全系列现实中可以找到的电阻。现实电阻只能调用，但不能修改它们的参数（极个别可以修改，比如晶体管的 β 值）。凡仿真电路中的真实元件都可以自动链接到 Ultiboard 中进行制板。

3）电源虽列在现实元件栏中，但它属于虚拟元件，可以任意修改和设置它的参数；电源和地线都不会自动链接进入 Ultiboard 中进行制板。

4）额定元件是指它们允许通过的电流、电压、功率等的最大值都是有限制的，超过额定值，该元件将被击穿和烧毁。其他元件都是理想元件，没有定额限制。

3. Multisim 10 界面菜单栏、工具栏介绍

Multisim 软件以图形界面为主，通过菜单栏、工具栏和热键相结合的方式操作，具有一般 Windows 应用软件的界面风格，用户可以根据自己的习惯和熟悉程度自如使用。

（1）菜单栏。菜单栏位于界面的上方，通过菜单栏中的菜单可以对 Multisim 10 的所有功能进行操作。不难看出，菜单中有一些与大多数 Windows 平台上的应用软件一致的功能选项，如 File、Edit、View、Options、Help 等；还有一些 EDA 软件专用的选项，如 Place、Simulation、Transfer 以及 Tool 等。

1）File。File 菜单中包含了对文件和项目的基本操作以及打印等命令，命令、功能对照表见表 1-1。

表 1-1　File 菜单命令、功能对照表

命　　令	功　　能
New	建立新文件
Open	打开文件
Close	关闭当前文件
Save	保存
Save As	另存为
New Project	建立新项目
Open Project	打开项目
Save Project	保存当前项目
Close Project	关闭当前项目
Version Control	版本管理
Print Circuit	打印电路
Print Report	打印报表
Print Instrument	打印仪表
Recent Files	最近编辑过的文件
Recent Project	最近编辑过的项目
Exit	退出 Multisim 软件

2）Edit。Edit 命令提供了类似于图形编辑软件的基本编辑功能，用于对电路图进行编辑。Edit 菜单命令、功能对照表见表 1-2。

表 1-2　Edit 菜单命令、功能对照表

命　　令	功　　能
Undo	撤销编辑
Cut	剪切
Copy	复制
Paste	粘贴
Delete	删除
Select All	全选
Flip Horizontal	将所选的元器件水平翻转
Flip Vertical	将所选的元器件垂直翻转
90 ClockWise	将所选的元器件顺时针旋转90°
90 Counter ClockWise	将所选的元器件逆时针旋转90°
Component Properties	元器件属性

3）View。通过 View 菜单可以决定使用软件时的视图，对一些工具栏和窗口进行控制。View 菜单命令、功能对照表见表 1-3。

表1-3　View 菜单命令、功能对照表

命　　令	功　　能
Toolbars	显示工具栏
Component Bars	显示元器件栏
Status Bars	显示状态栏
Show Simulation Error Log/Audit Trail	显示仿真错误日志/跟踪检查窗口
Show XSpice Command Line Interface	显示 XSpice 命令行窗口
Show Grapher	显示波形窗口
Show Simulate Switch	显示仿真开关
Show Grid	显示栅格
Show Page Bounds	显示页边界
Show Title Block and Border	显示标题栏和图框
Zoom In	放大显示
Zoom Out	缩小显示
Find	查找

4）Place。通过 Place 命令输入电路图，其命令、功能对照表见表1-4。

表1-4　Place 菜单命令、功能对照表

命　　令	功　　能
Place Component	放置元器件
Place Junction	放置连接点
Place Bus	放置总线
Place Input/Output	放置输入/输出接口
Place Hierarchical Block	放置层次模块
Place Text	放置文字
Place Text Description Box	放置文字描述框
Replace Component	重新选择元器件替代当前选中的元器件
Place as Subcircuit	放置子电路
Replace by Subcircuit	重新选择子电路替代当前选中的子电路

5）Simulate。通过 Simulate 菜单执行仿真分析命令，其命令、功能对照表见表1-5。

表1-5　Simulate 菜单命令、功能对照表

命　　令	功　　能
Run	执行仿真
Pause	暂停仿真
Default Instrument Settings	设置仪表的预置值
Digital Simulation Settings	设置数字仿真参数
Instruments	选用仪表（也可通过工具栏选择）
Analyses	选用各项分析功能
Postprocess	启用后处理功能
VHDL Simulation	进行 VHDL 仿真
Auto Fault Option	自动故障设置选项
Global Component Tolerances	所有元器件的公差

6）Transfer 菜单　Transfer 菜单提供的命令可以完成 Multisim 对其他 EDA 软件需要的文件格式的输出。Transfer 菜单命令、功能对照表见表1-6。

表1-6　Transfer 菜单命令、功能对照表

命　　　令	功　　　能
Transfer to Ultiboard	将所设计的电路图转换为 Ultiboard 需要的文件格式
Transfer to other PCB Layout	将所设计的电路图转换为其他电路板设计软件所支持的文件格式
Back annotate From Ultiboard	将在 Ultiboard 中所作的修改标记到正在编辑的电路中
Export Simulation Results to MathCAD	将仿真结果输出到 MathCAD 软件
Export Simulation Results to Excel	将仿真结果输出到 Excel 表格
Export Netlist	输出电路网络表格文件

7）Tools。Tools 菜单主要是针对元器件的编辑与管理的命令。Tools 菜单命令、功能对照表见表1-7。

表1-7　Tools 菜单命令、功能对照表

命　　　令	功　　　能
Create Components	新建元器件
Edit Components	编辑元器件
Copy Components	复制元器件
Delete Components	删除元器件
Database Management	启动数据库管理器
Update Components	更新元器件

8）Options。通过 Options 菜单可以对软件的运行环境进行定制和设置。Options 菜单命令、功能对照表见表1-8。

表1-8　Options 菜单命令、功能对照表

命　　　令	功　　　能
Global Preference	设置全局偏好
Sheet Properties	电路图属性
Customize User Interface	用户自定义界面

9）Help。Help 菜单提供了对 Multisim 的在线帮助和辅助说明。Help 菜单命令、功能对照表见表1-9。

表1-9　Help 菜单命令、功能对照表

命　　　令	功　　　能
Multisim Help	Multisim 的在线帮助
Multisim Reference	Multisim 的参考文献
Release Note	Multisim 的发行声明
About Multisim	关于 Multisim 的版本说明

（2）工具栏。Multisim10 提供了多种工具栏，并以层次化的模式加以管理，用户可以通过 View 菜单中的选项方便地将顶层的工具栏打开或关闭，再通过顶层工具栏中的按钮来管理和控制下层的工具栏。通过工具栏，用户可以方便直接地使用软件的各项功能。

顶层的工具栏有：Standard 工具栏、Design 工具栏、Zoom 工具栏、Simulation 工具栏。

1）Standard 工具栏包含了常见的文件操作和编辑操作。

2）Design 工具栏作为设计工具栏是 Multisim 的核心工具栏，通过对该工具栏按钮的操作可以完成对电路从设计到分析的全部工作，其中的按钮可以直接开关下层的工具栏，如 Components 工具栏中的 Multisim Master 工具栏和 Instruments 工具栏。

① Multisim Master 工具栏作为 Components 工具栏中的一项，可以在 Design 工具栏中通过按钮来开关。该工具栏有 14 个按钮，每一个按钮都对应一类元器件，其分类方式和 Multisim 元器件库中的分类相对应，通过按钮上的图标就可大致清楚该类元器件的类型。具体的内容可以从 Multisim 在线文档中获取。

Multisim Master 工具栏作为元器件的顶层工具栏，每一个按钮又可以开关下层的工具栏，下层工具栏是对该类元器件更细致的分类工具栏。

② Instruments 工具栏集中了 Multisim 中的所有虚拟仪器仪表，用户可以通过按钮选择自己需要的仪器，对电路进行观测。

3）用户可以通过 Zoom 工具栏方便地调整所编辑电路的视图大小。

4）用户可以通过 Simulation 工具栏控制电路仿真的开始、结束和暂停。

（3）Multisim 虚拟仪器仪表。对电路进行仿真运行，通过对运行结果的分析，判断设计是否正确合理，是 EDA 软件的一项主要功能。为此，Multisim 为用户提供了类型丰富的虚拟仪器仪表，可以从 Design 工具栏、Instruments 工具栏或用菜单命令（Simulation/Instruments）选用这 11 种虚拟仪器仪表。选用后，各种虚拟仪器仪表都以面板的方式显示在电路中。

11 种虚拟仪器仪表的中英文名称对照表见表 1-10。

表 1-10　11 种虚拟仪器仪表的中英文名称对照表

英　文　名	中　文　名
Multimeter	万用表
Function Generator	函数信号发生器
Wattermeter	瓦特表
Oscilloscape	示波器
Bode Plotter	波特图图示仪
Word Generator	字符发生器
Logic Analyzer	逻辑分析仪
Logic Converter	逻辑转换仪
Distortion Analyzer	失真度分析仪
Spectrum Analyzer	频谱分析仪
Network Analyzer	网络分析仪

1.3　Multisim 10 使用入门

1. 基本设置

在进行仿真实验之前,可以根据自己的需求和习惯对 Multisim 10 的界面进行设置。具体做法是:执行选项(Options)菜单中的 Global Preferences 命令,打开"首选项"对话框,如图 1-18 所示。

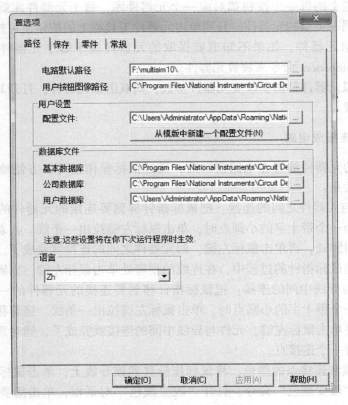

图 1-18　"首选项"对话框

在该对话框的"路径"选项中,用户可以对电路默认路径、语言等内容进行相应的设置。在该对话框的"保存"选项中,用户可以对电路自动保存间隔时间等内容进行相应的设置。

在"零件"选项中,Multisim 10 提供了两种电气元器件符号标准,一种是 ANSI 标准(美国国家标准学会标准),另一种是 DIN 标准(德国标准化学会标准)。DIN 标准与我国现行的标准比较接近,所以建议选择 DIN 标准。

2. 建立电路文件

启动 Multisim 10 后,会自动建立一个默认文件名为"电路1"的电路文件。单击系统工具栏中的"保存"按钮（或执行 File 菜单中的 Save 命令），如果是第一次保存文件，将打开"另存为"对话框，在对话框中输入文件名，并选择存储路径，单击"保存"按钮即可。

如果还想另外创建一个新文件，则单击系统工具栏中的"新建"按钮（或执行 File 菜单中的 New 命令），就可以再建立一个新文件。

3. 放置元器件及仪器仪表

Multisim 为用户提供了丰富的元器件和虚拟仪器仪表，用户可以方便地从各个工具栏中调用。元器件工具栏通常放在主窗口的左边，仪器仪表工具栏通常放在主窗口的右边。如果看不见工具栏，可执行 View 菜单中的 Toolbars 命令设置显示各个工具栏。

元器件工具栏上的每一个按钮都对应一个元器件库，每个元器件库就像是一个元器件箱，里面放置着同一类型的元器件。只要单击元器件工具栏上的按钮便可打开它所对应的元器件库，从中提取元器件。如果不知道要提取的元器件属于哪个元器件库，也可以执行 Place 菜单中的 Component 命令来放置元器件。

如果放置虚拟元器件且需要改变元器件参数，则双击该元器件，打开其属性对话框，进行相应参数值设置。

4. 将元器件连接成电路

把电路需要的元器件放置在电路窗口后，通过鼠标操作就可以方便地将元器件连接起来。具体操作方法是：

（1）元器件与元器件之间的连接：把鼠标指针移到要连接的元器件的一个引脚处，等鼠标指针自动变为一个带十字的小圆点时，单击鼠标左键拉出一条线。接着移动鼠标指针到另一个元器件的引脚处，再单击鼠标左键，两元器件之间的连接就完成了。如果想控制连线的形状，可在移动鼠标指针的过程中，在连线的拐弯处单击鼠标左键，以固定连线的位置。

（2）元器件与导线中间的连接：把鼠标指针移到要连接的元器件的一个引脚处，等鼠标指针自动变为一个带十字的小圆点时，单击鼠标左键拉出一条线。接着移动鼠标指针到要连接的导线上，再单击鼠标左键，元件与导线中间的连接就完成了，同时系统会自动在两根导线的连接处放置一个连接点。

（3）改变导线和连接点的颜色：将鼠标指针移到该导线上，单击鼠标右键，在弹出的快捷菜单中选择"改变颜色"命令，打开"改变颜色"对话框，单击想要的颜色，然后单击确定按钮即可。

（4）移动导线：单击该导线，使该导线处于被选中状态，将鼠标指针移到该导线或导线的小方块上，按下鼠标左键不放拖动，便可将导线拖拽到所需位置。

（5）删除导线和连接点：单击要删除的导线，按 Delete 键，即可删除该导线。如果要删除某连接点，则单击需删除的连接点，使该连接点处于被选中状态，按 Delete 键即可删除该连接点。

5. 运行仿真、进行仿真分析

连接好电路后，单击仿真开始按钮，便可运行仿真。如果需要暂停仿真，则单击暂停按钮，便可暂停仿真。如果需要停止仿真，则单击仿真停止按钮即可。单击设计栏中的分析按钮（或执行 Simulate 菜单中的 Analyses 命令），便可选择仿真分析方法，对电路进行各种仿真分析。

6. 注意事项

（1）Multisim 软件中的有些元器件符号、单位等与我国现行的标准存在差异。例如，电阻的单位"Ω"在 Multisim 中用"ohm"表示，电容的单位"μF"在 Multisim 中用"uF"表示。

（2）每一个电路中必须有一个接地端，如果一个电路中没有接地端，通常不能有效地进行仿真分析。

（3）为了确定线路连接是否可靠，可稍微移动一下与连接点相连的元件，查看是否有"虚焊"现象。

（4）如果两根交叉的导线在交叉处没有连接点，则表示这两根导线在交叉处不相连。

（5）为了避免由于突然断电等原因造成不必要的损失，在建立电路的过程中，每进行一步操作后，都要单击系统工具栏中的保存按钮（或执行 File 菜单中的 Save 命令）保存文件。

（6）在运行仿真时，通常不允许改接电路。

1.4　Multisim 10 原理图绘制

对 Multisim 软件有了一定的了解之后，我们可以开始着手绘制第一张属于自己的电路原理图了。绘制完成的电路原理图如图 1-19 所示，请按照提示步骤，一步一步仔细绘制，不要跳过任何一步，确保第一张电路图绘制成功。

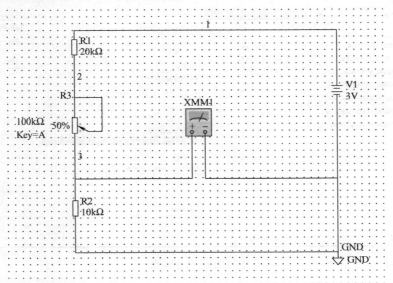

图 1-19　绘制完成的电路原理图

1. 电路原理图绘制

（1）打开 Multisim 10 设计环境。可以在电路图编辑窗口绘制电路原理图，系统默认将文件保存在"电路 1"中。也可以在菜单中选择"文件"→"新建"→"原理图"，即弹出一个新的电路绘制窗口，工程栏中同时出现一个新的名称。单击"保存"按钮，将该文件命名并保存到自己指定的文件夹下。

这里需要说明的是：

1）文件的名字要能体现电路的功能，要让自己以后看到该文件名就能想起该文件实现了什么功能。

2）在电路图的编辑和仿真过程中，要养成随时保存文件的习惯，以免由于没有及时保存而导致文件丢失或损坏。

3）最好用一个专门的文件夹来保存所有基于 Multisim 10 的例子，这样便于管理。

（2）在绘制电路图之前，需要先熟悉一下元器件工具栏和仪器栏的内容，看看 Multisim 10 都提供了哪些电路元器件和仪器仪表。把鼠标指针放到元器件工具栏和仪器栏相应的位置，系统会自动弹出元器件或仪表的类型。

（3）首先放置电源。单击元器件工具栏中的放置信号源选项，弹出如图 1-20 所示的对话框。

1）在"数据库"选项中选择"主数据库"。

2）在"组"选项中选择"Sources"。

3）在"系列"选项中选择"POWER_SOURCES"。

4）在"元件"选项中选择"DC_POWER"。

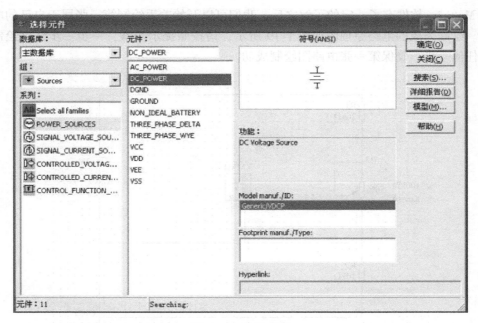

图 1-20　放置电源

5）同时在图中右侧的"符号""功能"等对话框中根据所选项目会列出相应的说明。

6）选择好电源符号后，单击"确定"按钮，移动鼠标指针到电路绘制窗口，选择放置位置后，单击鼠标左键即可将电源符号放置于电路绘制窗口中。放置完成后，还会弹出"选择元件"对话框，可以继续放置元器件，单击"关闭"按钮可以取消放置。

7）放置的电源符号默认显示为12V。我们需要的可能不是12V的电源，那怎么修改呢？方法是：双击该电源符号，出现如图1-21所示的属性设置对话框，在该对话框中，可以更改该元件的属性。在这里，我们将电压改为3V，修改后的效果如图1-22所示。当然也可以更改元件的标签、引脚等属性。

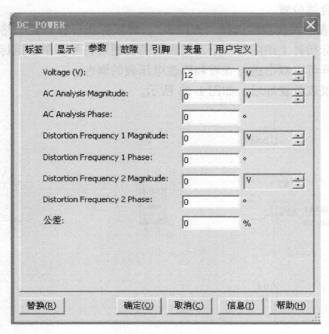

图1-21 属性设置

（4）接下来放置电阻。单击元器件工具栏中的"放置基础元件"。在弹出的对话框中进行如下操作。

1）在"数据库"选项中选择"主数据库"。

2）在"组"选项中选择"Basic"。

3）在"系列"选项中选择"RESISTOR"。

4）在"元件"选项中，选择"20k"。

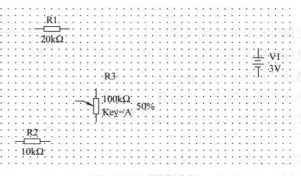

图1-22 元器件布局

5）同时在右侧的"符号""功能"等对话框中根据所选项目会列出相应的说明。

6）单击"确定"按钮，如放置电源符号一样放置电阻。

7）按上述方法，再放置一个10kΩ的电阻和一个100kΩ的可调电阻。放置完毕后，元器件布局如图1-22所示。注意：可调电阻不在"RESISTOR"系列中，而在"POTENTIOM-ETER"中。

8）可以看到放置后的元器件都按照默认设置被放置在电路绘制窗口中。例如，电阻默认是水平摆放的，但实际在绘制电路过程中，各种元器件的摆放情况是不一样的。如果我们想把电阻 R_1 变成垂直摆放，那该怎样操作呢？

方法是：将鼠标指针放在电阻 R_1 上，然后单击鼠标右键，在弹出对话框中可以选择让元器件顺时针或者逆时针旋转90°。

如果元器件摆放位置不合适，需要移动，则将鼠标指针放在元器件上，按住鼠标左键，即可拖动元器件到合适位置。

（5）放置万用表。在仪器栏选择"万用表"，将鼠标指针移动到电路绘制窗口内，这时我们可以看到，鼠标指针上跟随着一个万用表的简易图形符号。单击鼠标左键，将电压表放置在合适位置。同样可以双击进行查看和修改电压表的属性。

所有元器件和仪表放置好后，如图 1-23 所示。

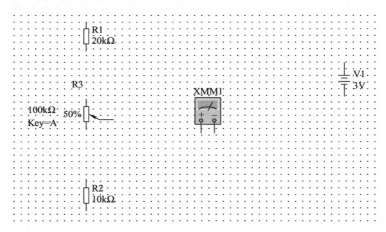

图 1-23　放置万用表

（6）下面就进入连线步骤了。将鼠标指针移动到电源的正极，当鼠标指针变成小黑点 ✦ 时，表示导线已经和正极连接起来了，单击将该连接点固定，然后移动鼠标指针到电阻 R_1 的一端，出现小红点后，表示正确连接到 R_1 了，单击固定，这样一根导线就连接好了。如图 1-24 所示。如果想要删除这

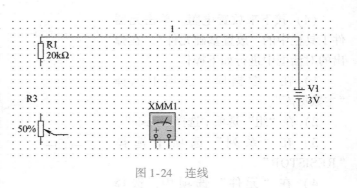

图 1-24　连线

根导线，将鼠标指针移动到该导线的任意位置，单击鼠标右键，在弹出菜单中选择"删除"即可将该导线删除。或者选中该导线，直接按 Delete 键删除。

（7）按照步骤（3）的方法，放置一个公共地线，然后按图 1-19 将各连线连接好。

注意：在电路图的绘制中，必须有公共地线。

（8）电路连接完毕，检查无误后，就可以进行仿真了。

单击仿真栏中的绿色"开始"按钮 ▶，电路进入仿真状态。双击图中的万用表符号，

即可弹出图 1-25 所示的对话框，在这里显示了电阻 R_2 上的电压。我们可以验算一下显示的电压值是否正确：根据电路图可知，R_2 上的电压值应为

$$V_1 \frac{R_2}{R_1 + R_2 + R_3}$$

则计算如下：$(3.0 \times 10 \times 1000)/[(10 + 20 + 50) \times 1000]\,V = 0.375\,V$，经验证万用表显示的电压正确。$R_3$ 的阻值是如何得来的呢？从图中可以看出，R_3 是一个 $100k\Omega$ 的可调电阻，其调节百分比为 50%，则在这个电路中 R_3 的阻值为 $50k\Omega$。

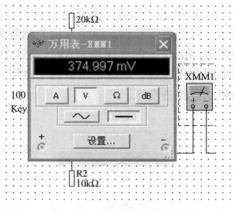

图 1-25　仿真测量结果

　（9）关闭仿真，改变 R_2 的阻值，按照（8）的步骤再次观察 R_2 上的电压值，会发现随着 R_2 阻值的变化，其电压值也随之变化。注意：在改变 R_2 阻值的时候，最好关闭仿真。切记一定要及时保存文件。

　这样我们大致熟悉了如何利用 Multisim 10 来进行电路设计，以后就可以利用电路仿真来学习和验证模拟电路和数字电路了。

1.5　Multisim 10 仿真分析实例

电阻的作用主要是分压、限流，现在我们利用 Multisim 10 对这些特性进行演示和验证。

1. 电阻的分压特性演示

（1）创建一个如图 1-26 所示的电路。

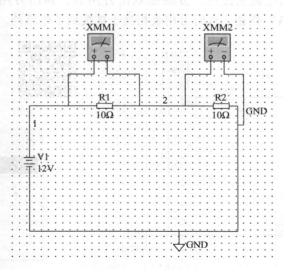

图 1-26　串联电阻分压电路

串联电阻分压电路

（2）单击"仿真"按钮进行仿真，观察一下两个万用表各自测得的电压值，如图 1-27 所示。我们可以看到，两个万用表测得的电压都是 6V。根据这个电路图，我们可以计算出电阻 R_1 和 R_2 上的电压均为 6V。在这个电路中，电源和两个电阻构成了一个回路，根据串联电阻分压原理，电源电压被两个电阻分担了，根据两个电阻的阻值，我们可以计算出每个电阻上分担的电压。

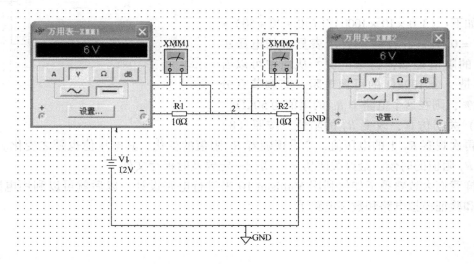

图 1-27　电阻分压仿真效果图

同理，我们可以改变这两个电阻的阻值，进一步验证电阻分压特性。

2. 电阻限流特性演示和验证

（1）创建如图 1-28 所示的电路。

（2）将万用表作为电流表使用。方法是双击万用表，弹出万用表的属性对话框，如图 1-29 所示，单击"A"按钮，这时万用表相当于被拨到了电流档。

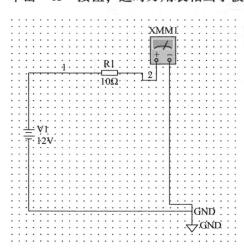

电阻限流电路

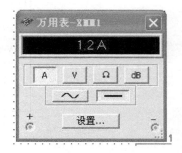

图 1-28　电阻限流电路　　　　　　　图 1-29　万用表档位切换

（3）单击"仿真"按钮开始仿真，双击万用表，弹出电流值显示对话框，在这里我们可以查看流过电阻 R_1 的电流值，如图 1-29 所示。

（4）关闭仿真，修改电阻 R_1 的阻值为 1kΩ，再单击"仿真"按钮，观察电流的变化情况，如图 1-30 所示，我们可以看到电流发生了变化。根据电阻值大小的不同，电流大小也相应地发生变化，从而验证了电阻的限流特性。

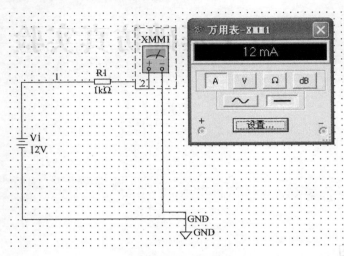

图 1-30   电阻值改变后测得的电流值

第2章

电工基础仿真实验

2.1　电压与电位的测量分析

1. 实验目的

（1）学习 Multisim 10 的选项设置。

（2）学习建立电路文件。

（3）学习电路元器件的放置、元器件参数的设置方法，熟悉元器件的旋转、改变颜色、改变标识、移动、删除等操作。

（4）掌握虚拟电压表、电流表、实时测量探针的使用方法。

（5）熟悉电路元器件连线、设置导线和节点的颜色、移动导线和节点、删除导线和节点等操作。

（6）验证电路中电位的相对性、电压的绝对性，加强对电位、电压关系的理解。

2. 实验原理

（1）电压：电路中两点之间的电位差称为电压。电流流过负载形成电压。电压符号为 U，单位为 V。A、B 两点之间的电压用 U_{AB} 表示，含义是从 A 点到 B 点的电压，测量时万用表红表笔接 A 点、黑表笔接 B 点。

（2）电位：电路中某点相对于参考点的电压。电位符号为 U，单位为 V。A 点的电位用 U_A 表示，含义是从 A 点到参考点之间的电压，测量时万用表红表笔接 A 点，黑表笔接参考点。

（3）参考点：电路中人为指定的一点，一般为仪器仪表的公共连接点，或者是直流电源的负极。参考点的电位恒等于 0，参考点用符号"⊥"表示。

直流工作点分析是 Multisim 10 软件中最基本的分析方法。进行直流工作点分析时，Multisim 10 软件自动将电路中的交流电源置零，计算电路在直流电源作用下电路中各点的电位和电压源支路的电流。

3. 实验内容与步骤

（1）在 Multisim 10 软件电路绘制窗口中，建立如图 2-1 所示的电路并保存。在对话框中输入文件名"电位与电压的测量"，并选择存储路径，单击"保存"按钮。

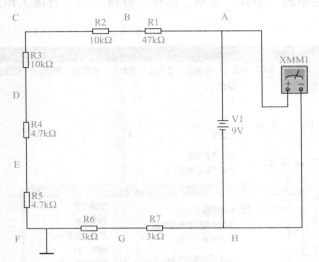

电压与电位的
测量分析

图 2-1　电位与电压的测量电路

（2）连接电路元件后，Multisim 软件会自动给出元器件之间的连接点编号。如果要将这些连接点编号去掉的话，可以打开"选项"菜单中的"表单属性"对话框，选中"网络名字"中的"全隐藏"，如图 2-2 所示，这样可以使画面简洁一些。

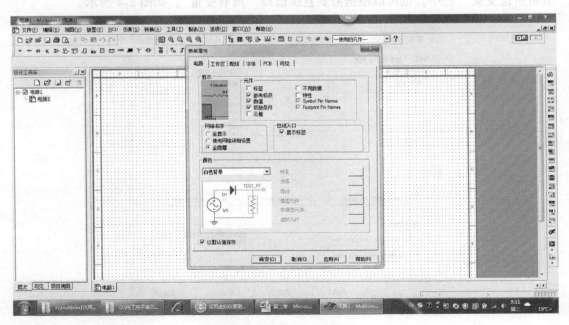

图 2-2　设置"表单属性"

（3）选择万用表直流电压档，按表2-1的提示，分别以 H 点、F 点为参考点，仿真运行并测量各点的电压与电位，记录在表 2-1 中。测量完毕，停止仿真。注意万用表表笔的极性及正确的测量位置。

（4）也可以用 Multisim 10 软件自带的分析功能快捷地测量电路各点的电位。方法简述如下：单击菜单栏中的"仿真"菜单，选择"分析"→"直流工作点分析"，如图 2-3 所示。

图 2-3　选择"直流工作点分析"

（5）在弹出的对话框中选择需要分析的电路变量，单击"添加"按钮添加到右侧的"分析所选变量"栏中。也可以根据需要直接选择"所有变量"，如图 2-4 所示。

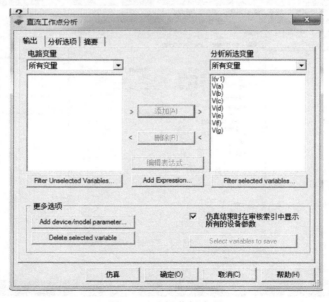

图 2-4　选择分析变量

（6）单击"仿真"按钮后，会自动出现分析结果窗口，如图2-5所示。

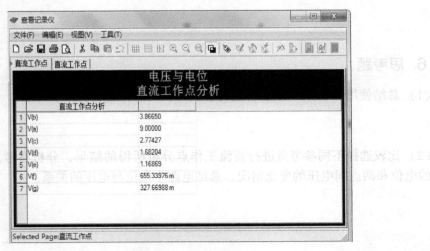

图2-5　分析结果窗口

与前面手动测量的结果进行对比，验证自己的测量方法和结果是否正确。

（7）改变参考点，重新进行分析。

（8）结束仿真，退出仿真软件。

4. 实验注意事项

（1）在 Multisim 10 软件中，注意电压源的电压和通过电压源的电流的参考方向取为关联参考方向，即电流的参考方向是从电压源的正极指向负极。

（2）Multisim 10 软件自动设置参考点的编号为"0"。因此在改变参考点的位置后，电路中相关连接点的编号会发生变化。

（3）在 Multisim 10 软件中用"ohm"表示电阻的单位"Ω"。

（4）在连接电路时，可稍微移动一下与连接点相连的元器件，以检查电路是否有"虚焊"现象。特别要注意接地端的连接，如果一个电路没有连接接地端，通常不能有效地进行仿真。

（5）要等电路达到稳定后，再读取电流表、电压表的读数。

（6）在运行仿真时，不允许更改电路。

5. 实验数据与结果

（1）实验数据记录见表2-1。

表2-1　电压与电位的测量记录

参 考 点	U_A	U_B	U_C	U_D	U_E	U_F	U_G	U_H	U_{AC}	U_{EB}	U_{BC}	U_{CD}
H 点												
F 点												

（2）试以 H 点为参考点，理论计算 U_B、U_C 和 U_{BC}。

6. 思考题

（1）总结使用 Multisim 10 软件进行仿真实验的操作经验。

（2）比较选择不同参考点进行直流工作点分析所得的结果，分析参考点改变时电路中各点的电位和两点间电压的变化情况。总结电路中电位与电压的关系。

2.2　电桥与等电位验证

1. 实验目的

（1）学习电路元器件的放置、元器件参数的设置。
（2）熟悉元器件的旋转、改变颜色、改变标识、移动、删除等操作。
（3）掌握虚拟电压表、电流表、实时测量探针的使用方法。
（4）加强对电桥、电桥平衡、等电位的理解。

2. 实验原理

电桥的概念：最简单的电桥是由四个支路组成的电路，各支路称为电桥的"臂"。如图 2-6 所示，电路中有一未知电阻（R_x），一对角线中接入直流电源 E，另一对角线接入电流表 U1（或电压表）。可以通过调节各已知电阻的值使电流表指示为 0（或电压表无电压），则电桥平衡，此时 $R_1/R_x = R_2/R_{RP}$。通常 R_1、R_2 为固定电阻，RP 为可调电阻，R_x 为被测电阻。电桥平衡时，可由电桥平衡条件求得被测电阻值。

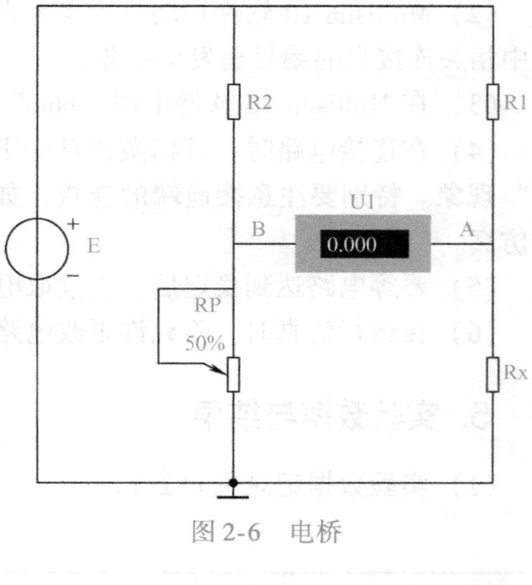

图 2-6　电桥

3. 实验内容与步骤

（1）在电路绘制窗口中建立如图 2-7 所示的电路。单击"保存"按钮，在对话框中输入文件名"电桥与等电位"，并选择存储路径。
（2）双击电路中的滑动变阻器 RP，弹出其属性对话框。

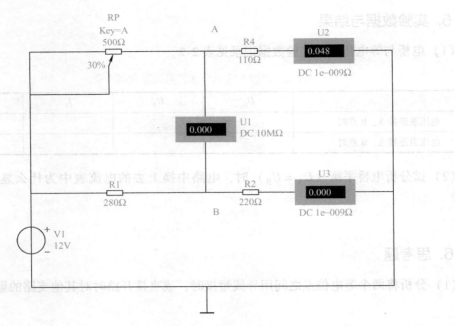

图 2-7　电桥与等电位电路

（3）选择"参数"页，在"关键点"栏中输入 A，在"增量"栏中输入 1。这表示每按一次 A 键，滑动触头右边的电阻值增大 1%，相当于滑动变阻器的滑动触头向左移动；按 Shift + A 键，滑动触头右边的电阻值减小 1%，相当于滑动变阻器的滑动触头向右移动。设置 RP 的电阻值为 500Ω，然后单击"确定"按钮。

（4）单击"仿真"按钮，开始仿真。

（5）反复按 A 键和 Shift + A 键，移动滑动变阻器的滑动触头，观察电压表的读数变化。当电压表的读数近似为零时，表明电压表两端 A 点、B 点的电位相等，则 A 点和 B 点是等电位点。记录两条支路中的电流 I_1、I_2（U2、U3 测量值）以及 A 点、B 点的电位。

（6）单击"停止"按钮，停止仿真。

（7）取下电压表，用一个电流表将两个等电位点连接起来。

（8）单击"仿真"按钮开始仿真。

（9）观察电流表的读数，并再次记录两条支路中的电流 I_1、I_2（U2、U3 测量值）以及 A 点、B 点的电位。

4. 实验注意事项

（1）在建立电路的过程中，每进行一步操作后，都要单击系统工具栏中的"保存"按钮（或执行 File 菜单中的 Save 命令）保存电路文件，以避免由于突然断电等原因造成不必要的损失。

（2）电路中元器件参数要合理选择，以防止超范围或调节精度不够，导致电路无法平衡。

5. 实验数据与结果

（1）电桥与等电位测量实验数据记录见表2-2。

表2-2　电桥与等电位的测量实验数据记录

	U_A	U_B	I_1	I_2
电压表连接 A、B 点时				
电流表连接 A、B 点时				

（2）试分析电桥平衡（$U_A = U_B$）时，电路中换上去的电流表中为什么显示电流约等于零？

6. 思考题

（1）分析将两个等电位点之间用导线短接时，或直接开路时对其他支路的影响情况。

（2）电桥平衡时，RP 的等效电阻是多少？用替换法试试你的计算。

2.3　基尔霍夫电压定律验证

1. 实验目的

（1）掌握基尔霍夫电压定律。
（2）掌握支路、节点、回路、网孔的含义，掌握电压方向、绕行方向的含义。
（3）通过实验验证基尔霍夫电压定律。

2. 实验原理

支路：元器件依次首尾相连，无分支，流过同一电流的一条路径。
节点：三条或三条以上支路汇聚的连接点。
回路：电路中任一闭合路径。
网孔：最小的无分支回路。
基尔霍夫电压定律又称基尔霍夫第二定律，是用来分析任一回路中各段电压之间的关系的，故又称为回路电压定律。如果从回路任意一点出发，以顺时针方向或逆时针方向沿回路循环一周，回到原位，尽管电位有时升高，有时降低，但由于起点和终点是同一点，所以起点和终点的电压差为零，而这个电压等于回路内各段电压的代数和。
基尔霍夫电压定律：电路的任意闭合回路中，各段电压的代数和等于零。

3. 实验内容与步骤

（1）在电路窗口中建立如图 2-8 所示电路，单击"保存"按钮。在对话框中输入文件名"基尔霍夫电压定律"，并选择存储路径。

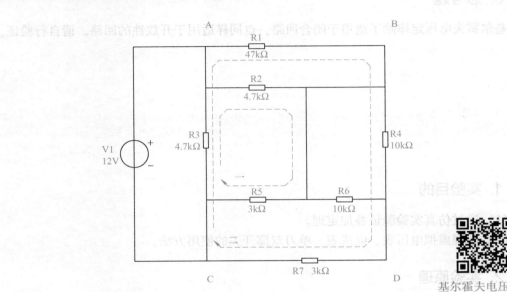

基尔霍夫电压定律

图 2-8　基尔霍夫电压定律

（2）分别沿回路一和回路二测出各段电路上的电压降，记入表 2-3 内。注意电压方向与回路绕行方向一致。

（3）计算每个回路各自的电压代数和。

4. 实验注意事项

（1）在建立电路过程中，每进行一步操作后，都要单击系统工具栏中的"保存"按钮保存电路文件，以避免由于突然断电等原因造成不必要的损失。

（2）电路中某元件或某一段支路上的电压可能为负值，请忠于科学与事实，如测量方法正确，就如实记录实验结果。

5. 实验数据与结果

（1）基尔霍夫电压定律实验数据记录见表 2-3。

表 2-3　基尔霍夫电压定律实验数据记录

回路	U_{AB}	U_{BC}	U_{CA}	ΣU	
一					
回路	U_{AB}	U_{BD}	U_{DC}	U_{CA}	ΣU
二					

（2）实验结论：

6. 思考题

基尔霍夫电压定律除了适用于闭合回路，也同样适用于开放性的回路。请自行验证。

2.4 叠加定理验证

1. 实验目的

（1）通过仿真实验验证叠加定理。
（2）掌握虚拟电压表、电流表、单刀双掷开关的使用方法。

2. 实验原理

在含有多个独立源的线性电路中，任一支路的电流（或电压）等于各独立源单独作用在该电路时，在该支路中产生的电流（或电压）的代数和。线性电路的这一性质称之为叠加定理。

（1）叠加定理。叠加定理说明线性电路中各个电源作用的独立性，这是一个重要的概念。任何一个独立电源作用在线性电路中所产生的响应，并不因为其他电源的存在而受到影响。所谓各个电源分别单独作用，是指电路中一个电源起作用，而其他电源不起作用。不起作用是指电压源短路，电流源开路。

（2）基尔霍夫电流定律。基尔霍夫电流定律又称基尔霍夫第一定律，是用来分析任一节点上各支路电流之间的关系的，故又称为节点电流定律。在任一瞬间，流进某一节点的电流之和恒等于流出该节点的电流之和，即 $\Sigma I_入 = \Sigma I_出$。

在分析未知电流时，可先任意假设支路电流的参考方向，列出节点电流方程。通常流入节点的电流取正，流出的取负，则有 $\Sigma I = 0$。

叠加定理

3. 实验内容与步骤

（1）在电路窗口中建立如图 2-9 所示电路。
（2）首先让电路中两个电压源共同作用，将 J1 开关打在左侧，将 J2 开关打在右侧。
（3）单击"仿真"开关，开始仿真。电路达到稳定后，在表 2-4 中记录三只电流表（I_1、I_2、I_3）的读数。
（4）再让电路中的电压源 V1 单独作用，将 J1 开关打在左侧，将 J2 开关打在左侧。

（5）单击"仿真"开关，开始仿真。电路达到稳定以后，在表 2-4 中记录三只电流表的读数，分别记为 I'_1、I'_2、I'_3。

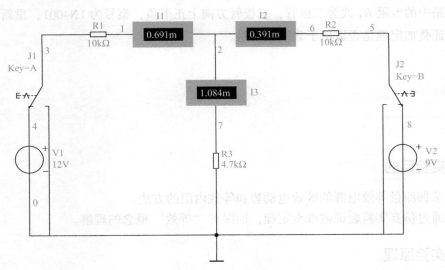

图 2-9　叠加原理电路

（6）然后让电路中的电压源 V2 单独作用，将 J1 开关打在右侧，将 J2 开关打在右侧。

（7）单击"仿真"开关，开始仿真。电路达到稳定后，在表 2-4 中记录三只电流表的读数，分别记为 I''_1、I''_2、I''_3。

4. 实验注意事项

（1）绘制仿真实验电路时，要注意电流表的方向。I_1、I_2 的方向是流入节点 2 的，I_3 的方向是流出节点 2 的。因此在最后分析时，I_1 加上 I_2 应该等于 I_3。

（2）利用叠加定理分析电路时，可根据具体情况和需要对电路中的独立电源进行分组，每组由一个或几个电源组成。

（3）叠加原理只适用于线性电路。

（4）运行仿真时，要等电路达到稳定后，再读取电流表、电压表的读数。

5. 实验数据与结果

实验数据记录见表 2-4。

表 2-4　电流记录

两电源共同作用	$I_1 =$	$I_2 =$	$I_3 =$
12V 电源单独作用	$I'_1 =$	$I'_2 =$	$I'_3 =$
9V 电源单独作用	$I''_1 =$	$I''_2 =$	$I''_3 =$

注：以上表格横向看应符合节点电流定律，纵向看应符合叠加原理。

6. 思考题

将电路中的电阻 R_3 改为二极管，二极管方向上正下负，型号为1N4001，重新进行仿真实验，验证叠加定理是否适用于非线性电路。

2.5 戴维南定理验证

1. 实验目的

（1）掌握测量等效电源的等效电动势和等效内阻的方法。
（2）通过仿真实验验证戴维南定理，加深对"等效"概念的理解。

2. 实验原理

具有两个引出端子，内部含有独立电源且两个端子上的电流为同一电流（这称为端口条件）
的部分电路称为有源单口网络，也称为有源二端网络，图2-10中 R_L 为负载，则去掉 R_L 后的其余电路为一个有源二端网络。

戴维南定理指出：对于任意一个线性有源单口网络，可用一个理想电压源 E 及一个内阻 R_0 的串联组合来代替。

理想电压源的电动势 E 为该网络的开路电压。

等效内阻 R_0 等于该网络中所有理想电源为零时，从网络两端看进去的等效电阻。等效电阻 R_0 的计算，将单口网络内部所有独立源置零后，用无源单口网络的等效变换方法计算出其等效电阻。当然也可以在将单口网络内部所有独立源置零后，采用实测的办法来求得电源等效内阻。

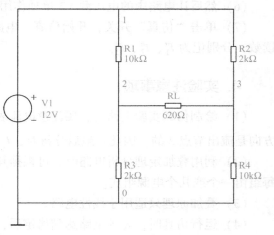

图 2-10　有源单口网络电路

3. 实验内容与步骤

（1）建立如图2-10所示有源单口网络电路，并保存。
（2）分别测量当负载电阻 R_L 阻值为620Ω和5.1kΩ时，负载电阻两端的电压及流过负载的电流。记录在表2-5内。
（3）测量有源单口网络的开路电压。
将负载 R_L 开路，在有源单口网络的两端（即节点2、3）接一个直流电压表。单击

"仿真"开关。电路达到稳定后，记录电压表的读数，测量并记录有源单口网络的开路电压，如图2-11所示。在表2-6中记录电压表的读数。

（4）测量有源单口网络的等效内阻

卸掉电源，短路所留下来的缺口，在有源单口网络的两端接一个电阻表，单击"仿真"开关。电路达到稳定后，在表2-6中记录电阻表的读数，如图2-12所示。

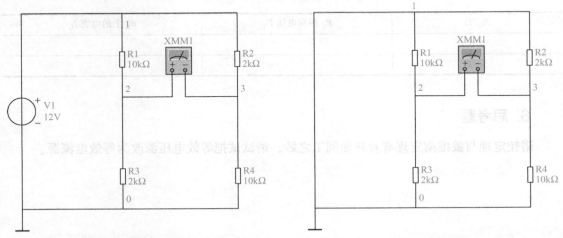

图2-11　开路电压测量　　　　　图2-12　等效内阻测量

（5）在同一电路窗口中，根据有源单口网络的开路电压和等效内阻，建立有源单口网络的戴维南等效电路，如图2-13所示（参数根据以上实验结果自定）。在建立的等效电路两端接上一个负载电阻 R_L。分别测量当负载电阻 R_L 阻值为620Ω和5.1kΩ时，负载电阻两端的电压及流过负载电阻的电流，记录在表2-7内，并比较测量结果。

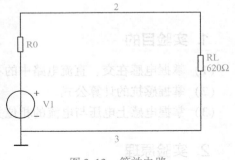

图2-13　等效电路

4. 实验注意事项

（1）进行仿真实验时，要注意电压、电流的实际方向。
（2）要先停止仿真，然后再改接电路。
（3）运行仿真时，要等电路达到稳定后，再读取电流表、电压表的读数。

5. 实验数据与结果

实验数据记录见表2-5～表2-7。

表2-5　等效前电源外特性记录

R_L/Ω	R_L 两端电压 U_L	R_L 上的电流 I_L
620		
5.1k		

表2-6　等效电源电动势、内阻记录

	网络的开路电压 U	内阻 R_0
理论计算		
实际测量		

表2-7　等效后电源外特性记录

R_L/Ω	R_L 两端电压 U_L	R_L 上的电流 I_L
620		
5.1k		

6. 思考题

诺顿定理与戴维南定理有着异曲同工之妙，请试试把等效电压源改为等效电流源。

2.6　电感的测量

1. 实验目的

（1）掌握电感在交、直流电路中的不同特性。
（2）掌握感抗的计算公式。
（3）掌握电感上电压与电流的相位关系。

2. 实验原理

电感在交流电路和直流电路中，它的作用是不一样的。一般我们说的电感是指纯电感，它的直流电阻约等于0Ω。在直流电路中，它可以相当于短路。在交流电路中，电感对于交流电具有像电阻一样的阻碍作用。阻碍作用的大小用感抗 X_L 来表示。感抗 X_L 可以用如下公式求得。

$$X_L = \omega L = 2\pi f L$$

式中，ω 是交流电源的角频率，单位是 rad/s（弧度每秒）；L 是电感量，单位是 H（亨利）；f 是电源的频率，单位是 Hz（赫兹）；X_L 是感抗，单位是 Ω（欧姆）。

上式表明，感抗 X_L 的大小与电感的电感量成正比，与电源的频率成正比。

在交流电路中，流过电感的电流与电感两端电压大小成正比，与电感的感抗成反比，即符合欧姆定律：$I_L = U_L / X_L$。

电感两端的电压和流过电感的电流的相位关系：电感电流滞后于电感电压90°。

3. 实验内容与步骤

（1）直流特性。电感直流电阻测量，在 Multisim 10 中取出 100mH 电感，直接用万用表测量其直流电阻，观察是否为 0Ω。

（2）交流特性。

1）建立如图 2-14 所示电路，并保存。

2）将交流电源的频率设置为 50Hz，电压有效值设置为 12V。测量流过电感的电流与电感两端电压，记录在表 2-8 内，计算感抗 X_L。

3）将交流电源的频率设置为 100Hz，电压有效值保持为 12V。测量流过电感的电流与电感两端电压，记录在表 2-8 内，计算感抗 X_L。

4）保持交流电源的频率设置为 100Hz，电压有效值为 12V，将电感大小改为 500mH。测量流过电感的电流与电感两端电压，记录在表 2-8 内，计算感抗 X_L。

5）用示波器观察电感两端的电压和电流之间的相位关系。为了得到电路中电流的波形，可以在电路中串入一个 0.5Ω 的电阻。只要测量 0.5Ω 电阻上的电压的波形就可以得到电感上的电流波形，如图 2-15 所示。记录电感上电压波形与电流波形，注意相位关系。

感抗测量

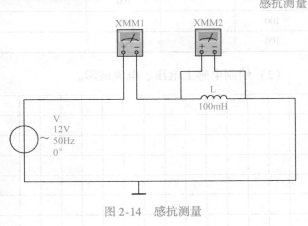

图 2-14　感抗测量

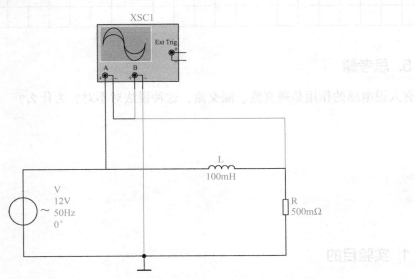

图 2-15　电感电压与电感电流相应测量

4. 实验数据与结果

（1）感抗测量记录见表 2-8。

表 2-8　感抗测量记录

频率/Hz	角频率/(rad/s)	电感/mH	感抗 $X_L = \omega L/\Omega$	电压/V	电流/A	感抗 $X_L = \dfrac{U_L}{I_L}/\Omega$
50		100				
100		100				
100		500				

（2）绘制电感上电压、电流波形。

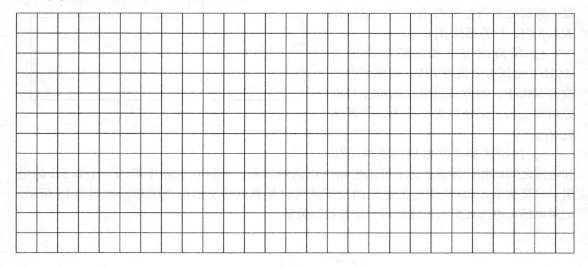

5. 思考题

有人说电感的作用是通直流、隔交流，这种说法对不对？为什么？

---

1. 实验目的

（1）掌握电容在交、直流电路中的不同特性。

（2）掌握容抗的计算公式。

（3）掌握电容上电压与电流的相位关系。

2. 实验原理

电容在交流电路和直流电路中，它的作用是不一样的。一般我们说的电容是指纯电容，它的直流电阻趋向于无穷大。在直流电路中，它可以相当于开路。在交流电路中，电容对于交流电具有像电阻一样的阻碍作用。阻碍作用的大小用容抗 X_C 来表示。容抗 X_C 可以用如下公式求得。

$$X_C = 1/(\omega C) = 1/(2\pi f C)$$

式中，ω 是交流电源的角频率，单位是 rad/s（弧度每秒）；C 是电容量，单位是 F（法拉）；f 是电源频率，单位是 Hz（赫兹）；X_C 是容抗，单位是 Ω（欧姆）。

上式表明，容抗 X_C 的大小与电容的电容量成反比，与电源的频率成反比。

在交流电路中，流过电容的电流与电容两端电压大小成正比，与电容的容抗成反比，即符合欧姆定律：$I_C = U_C/X_C$。

电容两端的电压和流过电容的电流的相位关系：电容电压滞后于电容电流 90°。

3. 实验内容与步骤

（1）直流特性。

电容直流电阻测量，在 Multisim 10 中取出 $10\mu F$ 电容，直接用万用表测量其直流电阻，观察是否为开路。

（2）交流特性。

1）建立如图 2-16 所示电路，并保存。

2）将交流电源的频率设置为 50Hz，电压有效值设置为 12V。测量流过电容的电流与电容两端电压，记录在表 2-9 内，计算容抗 X_C。

3）将交流电源的频率设置为 100Hz，电压有效值保持为 12V。测量流过电容的电流与电容两端电压，记录在表 2-9 内，计算容抗 X_C。

容抗测量

4）保持交流电源的频率设置为 100Hz，电压有效值为 12V，将电容大小改为 $22\mu F$。测量流过电容的电流与电容两端电压，记录在表 2-9 内，计算容抗 X_C。

5）用示波器观察电容两端的电压和电流之间的相位关系。为了得到电路中电流的波形，可以在电路中串入一个 0.5Ω 的电阻。只要测量 0.5Ω 电阻上的电压波形就可以得到电容上的电流波形，如图 2-17 所示。记录电容上电压波形与电流波形，注意相位关系。

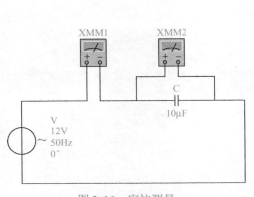

图 2-16　容抗测量

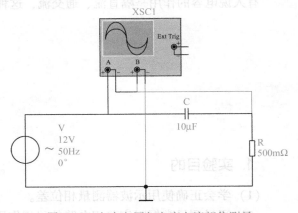

图 2-17　电容电压与电容电流相位测量

4. 实验数据与结果

（1）容抗测量记录见表2-9。

表2-9 容抗测量记录

频率/Hz	角频率/(rad/s)	电容/μF	容抗 $X_C = \dfrac{1}{\omega C}$/Ω	电压/V	电流/A	容抗 $X_C = \dfrac{U_C}{I_C}$/Ω
50		10				
100		10				
100		22				

（2）绘制电容上电压、电流波形。

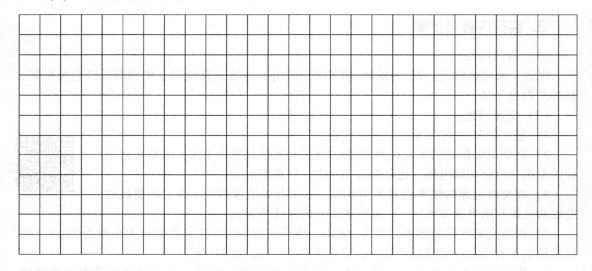

5. 思考题

有人说电容的作用是隔直流、通交流，这种说法对不对？为什么？

 2.8 RC 串联电路分析

1. 实验目的

（1）学会正确使用示波器测量相位差。

（2）通过测量掌握阻容移相电路的移相作用。

（3）通过测量深刻理解电压三角形、阻抗三角形、功率三角形的意义。

（4）理解功率因素的含义及提高功率因素的意义。

2. 实验原理

本实验电路原理图见图2-18。电路由电阻 R、电容 C 及交流电源串联组成。

（1）电压大小关系。在任何时刻，都应该符合基尔霍夫电压定理，即电源电压等于电阻上的电压与电容上的电压之和。注意这里说的是瞬时值，而不是有效值，即 $e = u_R + u_C$。万用表测的是有效值，万用表不能显示 50Hz 工频交流电的瞬时值，因为对于每秒 50 次的变化万用表的机械表头来不及响应。如果是数字万用表，它内部电路本身就设计成显示有效值，一般刷新频率在每秒 3 次左右。

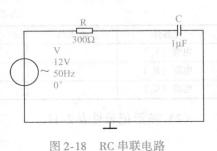

图 2-18   RC 串联电路

（2）电阻大小关系。和电阻串联电路一样，电阻、电容串联电路也可以有一个等效电阻，当然和纯电阻电路有些不同，这个等效电阻称为等效阻抗，因为含有容抗。阻抗的符号为 Z，单位为 Ω。可以证明：

$$Z = \sqrt{R^2 + X_C^2}$$

（3）电流大小关系。不难发现三个元件——电源、电阻、电容是串联关系，所以流过它们的电流是同一电流，即 $i = i_E = i_R = i_C$。

电流有效值、电源电压有效值和等效阻抗三者之间符合欧姆定律关系，即

$$I = E/Z$$

（4）相位关系。电阻元件上电流与电压同相位；电容元件上电流超前电压90°。

由于电路中有电容存在，所以电源电流超前电源电压，角度因电阻、电容及电源频率不同而不同，但在0°~90°之间。

3. 实验内容与步骤

（1）在 Multisim 10 里建立如图 2-19 所示电路原理图，并保存。

RC 串联电路

（2）添加示波器，用示波器同时显示电源电压波形、电阻电压波形及电容电压波形。

（3）记录各电压波形的最大值（或有效值）、周期、初相位（以电阻电压波形为基准，上升沿过零作为坐标0°），记录电路电流，计算电路等效阻抗，将结果填写在表 2-10 中。

（4）利用示波器加法功能，将电阻电压波形及电容电压波形相加，观察是否等于电源电压。

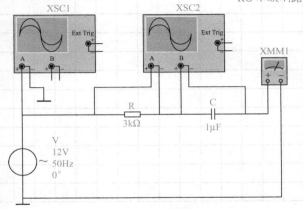

图 2-19   RC 串联实验电路

（5）根据实验结果，绘制电压三角形、功率三角形、阻抗三角形。

（6）计算电路的功率因数 $\cos\varphi$。

4. 实验数据与结果

（1）相关数据记录见表 2-10。

表 2-10　RC 串联电路数据记录

元器件	电压/V	周期/ms	初相位/(°)	电流/mA	阻抗/Ω
电源（V_1）					
电阻（R_1）					
电容（C_1）					

（2）波形记录见表 2-11。

表 2-11　电源电压、电阻电压、电容电压波形记录

波　　形	示波器读数		万用表读数
	时间档位：	电源电压峰值：	电源电压：
	周期读数：	电阻电压峰值：	电阻电压：
	幅度档位：	电容电压峰值：	电容电压：

（3）绘制电压三角形、功率三角形、阻抗三角形。

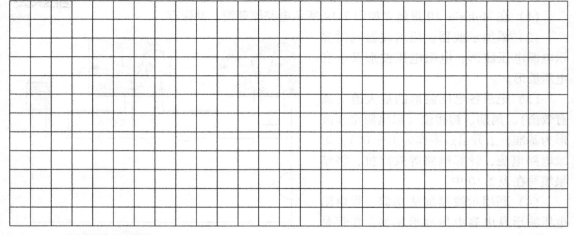

（4）计算功率因数 $\cos\varphi$ = _____。

2.9　RLC 串联电路分析

1. 实验目的

（1）通过仿真实验进一步了解电路的电阻性、电容性与电感性。
（2）学习使用虚拟双通道示波器。
（3）掌握功率表的使用方法。

2. 实验原理

电路如图 2-20 所示，由于各元器件通过的电流都相同，所以，在比较它们正弦量的关系时，一般选择电流相量为参考正弦量。

$$i = I_m \sin\omega t$$

则电路中各元器件的电压 u_R、u_L、u_C 分别为

$$u_R = RI_m \sin\omega t$$

$$u_L = X_L I_m \sin\left(\omega t + \frac{\pi}{2}\right)$$

$$u_C = X_L I_m \sin\left(\omega t - \frac{\pi}{2}\right)$$

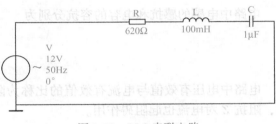

图 2-20　RLC 串联电路

对应的电压瞬时值应符合基尔霍夫电压定律，即

$$u = u_R + u_L + u_C$$

总电压 u 也是和电流 i 同频率的正弦量。

如图 2-21 所示，是以电流 i 为参考相量的电压相量图。

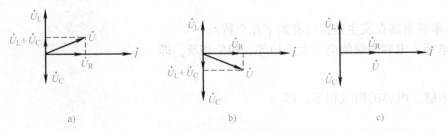

图 2-21　RLC 串联电路电压电流相量图
a)　感性电路　b)　容性电路　c)　阻性电路

从相量图可以看出，电感上的电压和电容上的电压相位相反。作相量求和的时候可以先将这两个电压相加，它们的和称为电抗电压，用 U_X 表示。用相量求和可以表示为

$$\dot{U}_X = \dot{U}_L + \dot{U}_C$$

电路总电压的相量表达式为

$$\dot{U} = \dot{U}_R + \dot{U}_X = \dot{U}_R + \dot{U}_L + \dot{U}_C$$

如图 2-21 所示，是三种情况下的电压相量图。图 2-21a 所示电感上电压的绝对值大于电容上电压的绝对值，电路呈现电感性。图 2-21b 所示电容上电压的绝对值大于电感上电压的绝对值，电路呈现电容性。图 2-21c 所示电容上电压大小等于电感上电压大小，电路呈现电阻性。

根据电压向量图可以求得总电压的有效值：

$$U = \sqrt{U_R^2 + (U_L - U_C)^2}$$

$$U = \sqrt{(IR)^2 + (IX_L - IX_C)^2} = I\sqrt{R^2 + (X_L - X_C)^2}$$

注意，交流电路中相量、瞬时值可以相加，有效值不可以相加。交流电路不同于直流电流，电压、电流都是有相位的。相量、瞬时值的表述中都包含相位，所以可以相加，而有效值的表述中只有大小，不包含相位，所以有效值不可以直接相加。

根据相量图还可以求出总电压超前于总电流的相位差，即电路的阻抗角：

$$\varphi = \arctan \frac{U_L - U_C}{U_R} = \arctan \frac{X_L - X_C}{R}$$

电路中电感的感抗和电容的容抗分别为

$$X_L = \omega L = 2\pi f L$$

$$X_C = \frac{1}{\omega C} = \frac{1}{2\pi f C}$$

电路中电压有效值与电流有效值的比称为阻抗，用字母 Z 表示，单位为 Ω，与电阻一样，阻抗 Z 对电流也起阻碍作用。

$$Z = \frac{U}{I} = \sqrt{R^2 + (X_L - X_C)^2}$$

在电阻、电感、电容串联交流电路中，若电路中电容上电压大小等于电感上电压大小，整个电路就呈现电阻性，电路的这种工作状态称为谐振现象。

串联谐振电路发生谐振的频率或条件：

$$f_0 = \frac{1}{2\pi\sqrt{LC}}$$

RLC 串联电路在发生谐振时有如下几个特点：

1）电感、电容两端的电压大小相等、相位相反，即

$$\dot{U}_L = -\dot{U}_C$$

2）电感、电容的阻抗相等，即

$$X_L = X_C$$

3）电路中的阻抗最小 $Z_{\min} = R$ 时，电流最大，即

$$I_{\max} = \frac{U}{Z_{\min}} = \frac{U}{R}$$

谐振时，由于电路中电流很大，使得电感、电容两端的电压会上升很高。因此，在无线电工程中，常利用这一特点，将微弱的电信号通过串联谐振电路，在电感或电容上获得高于信号电压许多倍的输出信号，即串联谐振电路具有选择性。但在电力工程中，由于电源电压本身较高，串联谐振可能会击穿电容器和线圈的绝缘层，因此应避免发生串联谐振现象。

3. 实验内容与步骤

（1）在 Multisim 10 窗口中建立如图 2-22 所示电路，并保存。

（2）电路测量。

1）双击功率表 XWM1，打开功率表面板，将电压表、功率表的读数记录在表 2-12 中。

2）双击打开示波器 XSC1，在示波器屏幕上显示出电路端电压（蓝色）和电阻电压（红色）的波形。可看出此时端电压滞后电流，电路呈电容性。

3）打开三个电压表 XMM1 ～ XMM3，可以看到电容电压大于电感电压，也提示电路呈电容性。绘制三元器件电压相量图。

4）进行适当的设置，修改电容或电感大小，使 $X_L = X_C$。

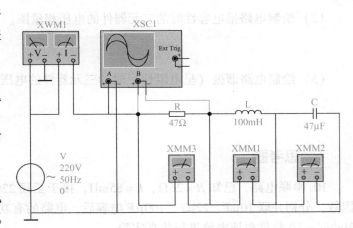

RLC 串联电路

图 2-22 RLC 串联电路

5）单击"仿真"按钮。电路达到稳定后，分别记录电压表和功率表的读数。

6）双击打开示波器。在示波器屏幕上显示出电路端电压（蓝色）和电阻电压（红色）的波形。可看出此时端电压与电流同相，电路发生串联谐振。电感电压和电容电压大小相等，电阻电压等于电源端电压，功率因数为 1。

4. 实验注意事项

（1）Multisim 10 提供的虚拟双通道示波器与实际的示波器外观和基本操作基本相同，该示波器可以观察一路或两路信号波形的形状，分析被测周期信号的幅值和频率，时间基准可在秒直至纳秒范围内调节。

（2）虚拟功率表的外观和操作与实际的功率表相似，其电流线圈应与负载串联，电压线圈应与负载并联。接线时要注意遵守"发电机端"接线规则，即要把电流线圈和电压线圈的标有"＋"号的两个端钮接在电源的同一极性上。

（3）因为是交流电路，所以需要使用交流电压表和交流电流表，应该设置电压表、电流表的 Model 为 AC。

（4）正弦交流电压源的属性对话框中的 Voltage（Pk）是指最大值，而 Voltage（RMS）则是指有效值。

5. 实验数据与结果

（1）RLC 串联电路参数记录见表 2-12。

表 2-12　RLC 串联电路参数记录

电路状态	电阻电压/V	电感电压/V	电容电压/V	相位差/(°)	电阻功率/W	功率因数
电容性						
电阻性						

（2）绘制电路呈电容性时的三元器件的电压相量图。

（3）绘制电路谐振（呈电阻性）时的三元器件的电压相量图。

6. 思考题

RL 串联电路，已知 $R = 26\Omega$，$L = 85\text{mH}$，接于工频 220V 电源上，求其有功功率和功率因数。分别并联 $10\mu\text{F}$、$22\mu\text{F}$、$100\mu\text{F}$ 电容后，电路的有功功率和功率因数变为多少？应用 Multisim 10 软件对该电路进行仿真实验。

2.10　动态电路的观测

1. 实验目的

（1）通过仿真实验进一步掌握动态电路的零输入响应、零状态响应。
（2）通过仿真实验进一步掌握初始值、稳态值、时间常数等概念。

2. 实验原理

（1）零输入响应。

零输入响应就是动态电路在没有外施激励（输入为零）的情况下，仅由动态元件的初始储能引起的响应。

在图 2-23 所示电路中，电容 C 在开关 J1 闭合前已充电，其电压为 U_0。开关闭合后，电容将通过电阻放电，电路中的响应仅由电容的初始储能引起，故称为零输入响应。

$t = 0$ 时开关 J1 闭合。开关闭合后，电容电压为

$$u_C = U_0 e^{-\frac{t}{\tau}}$$

$\tau = RC$，称为 RC 电路的时间常数。

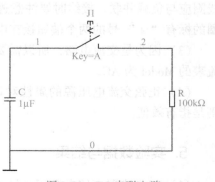

图 2-23　RC 串联电路

（2）零状态响应。

零状态响应是在动态元件的初始储能为零的情况下，仅由外施激励引起的响应。在图 2-24 电路中，电容 C 在开关 J1 闭合前没有充电。$t=0$ 时开关 J1 闭合。开关闭合后，电源 V 通过电阻 R 对电容 C 充电，电容的初始储能为零，电路中的响应仅由直流电压源引起，故属零状态响应。

$t=0$ 时开关 J1 闭合。开关闭合后，电容电压：

$$u_C = U_V - U_V \mathrm{e}^{-\frac{t}{\tau}}$$

工程上一般认为，换路后经过 5τ 时间，过渡过程

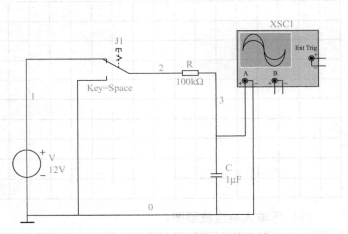

图 2-24　RC 零状态响应电路

就结束。时间常数越小，过渡过程持续的时间越短，因此选择不同的 RC 可以控制放电的速度。

3. 实验内容与步骤

RC 零状态及
零输入响应电路

（1）在 Multisim 10 软件电路窗口中建立如图 2-25 所示电路，并保存。

（2）零状态响应电路。

1）先将开关拨到下面位置，等待一段时间，使开机时电容电压为 0，满足零状态响应。

2）将开关拨到上面位置，打开"仿真"按钮，用示波器观察电容上电压上升过程。如果观察不到，双击打开电路中的示波器，进行适当的设置。

3）调节示波器游标，使电压上升过程较完整地显示在示波器屏幕上。测量 $t=\tau$、$t=2\tau$、$t=3\tau$、$t=5\tau$ 时刻，电容两端电压大小。

4）绘制零状态响应曲线。

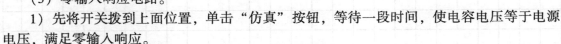

图 2-25　RC 零状态及零输入响应电路

（3）零输入响应电路。

1）先将开关拨到上面位置，单击"仿真"按钮，等待一段时间，使电容电压等于电源电压，满足零输入响应。

2）将开关瞬间拨到下面位置，用示波器观察电容上电压下降过程。如果观察不到，双击打开电路中的示波器，进行适当的设置。

3）调节示波器游标，使电压下降过程较完整地显示在示波器屏幕上。测量 $t=\tau$、$t=2\tau$、$t=3\tau$、$t=5\tau$ 时刻，电容器两端电压大小。

4）绘制零输入响应曲线。

4. 实验注意事项

（1）按空格键控制单刀双掷开关 J1 的反复切换时，要注意观察示波器屏幕上电容充电和放电的电压波形，开关 J1 切换的时间间隔要大于 5τ。

（2）虚拟示波器的控制面板分为四个部分：Time base（时间基准）、Channel A（通道 A）、Channel B（通道 B）、Tigger（触发）。虚拟示波器的设置和基本操作与实际的示波器基本相同。

5. 实验数据与结果

（1）t—u_C 关系测量记录见表 2-13。

表 2-13 t—u_C 关系表

响应状态	时 间				
	$t=0$	$t=\tau$	$t=2\tau$	$t=3\tau$	$t=5\tau$
零状态 u_C					
零输入 u_C					

（2）零状态响应波形图：

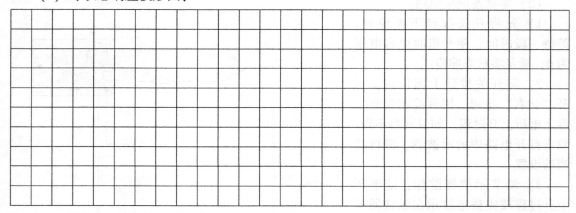

（3）零输入响应波形图：

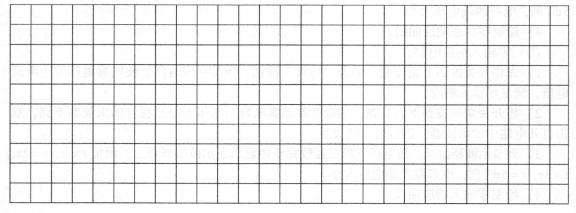

6. 思考题

动态元件的初始值不为 0 而且有外界激励引起的响应，称为全响应。

图 2-26 所示电路就是一个全响应电路。试用 Multisim 10 软件的虚拟示波器观察电容电压的波形。

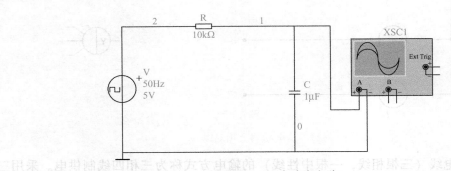

图 2-26　RC 全响应电路

全响应波形图：

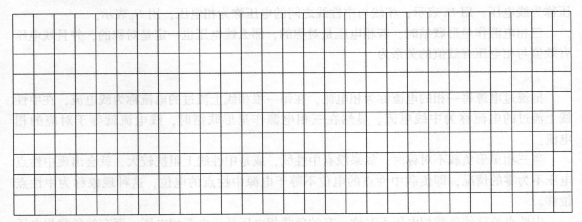

2.11　三相电路电压、电流的测量

1. 实验目的

（1）通过仿真实验进一步掌握线电压、相电压、线电流和相电流的概念。

（2）通过仿真实验进一步理解三相四线制供电系统中中性线的作用。

2. 实验原理

如图 2-27 所示，将三相电源的三个负极性端点连接在一起，形成一个结点 N，称为中性点。再由三个正极性端 A、B、C 分别引出三根输出线，称为相线（俗称火线、端线）。这样就构成了三相电源的星形联结。

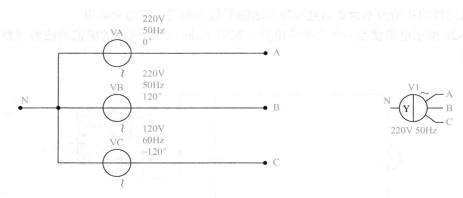

图 2-27　星形联结三相电源

采用四根输电线（三根相线，一根中性线）的输电方式称为三相四线制供电。采用三根输电线（只有三根相线，没有中性线）的输电方式，称为三相三线制供电。

在三相四线制供电时，供电线路可提供相电压和线电压两种电压。相线与相线之间的电压称为线电压，用 U_L 表示；相线与中性线之间的电压称为相电压，用 U_P 表示。

三相电源作星形联结时，若相电压是对称的，那么线电压也一定是对称的，并且线电压有效值与相电压有效值的关系为

$$U_L = \sqrt{3}\, U_P$$

把流过电源每一相的电流称为相电流，在每一根相线上流过的电流称为线电流，在中性线上流过的电流称为中线电流。显然在三相电源作星形联结时，线电流就等于对应的相电流。

当三相星形负载不对称时，如果没有中性线，或是中性线上阻抗较大，就会出现中性点电压不为零的情况，即负载中性点的电位不等于电源中性点的电位，这种现象称为中性点位移。

中性点位移使负载相电压不对称，有的负载相电压低于电源相电压，而有的负载相电压又高于电源相电压，甚至可能高过电源的线电压。负载变化，中性点电压会随着变化，各相负载电压也会跟着改变。

不对称的星形联结负载，如果装设了中性线，而且中性线阻抗很小，就能迫使中性点电压很小（缓解中点位移），从而使负载电压接近于电源相电压，并且几乎不随负载的变化而变化。

如果中性线断开，电路便不能稳定地工作在正常电压下，有时可能会造成很大的危害（因为有的负载相可能会出现很高的电压）。所以，在三相四线制电路中，中性线要有足够的机械强度，同时中性线上不能装设熔断器和开关。

3. 实验内容与步骤

（1）在 Multisim 10 软件电路窗口中建立如图 2-28 所示电路。

三相电路电压电流测量

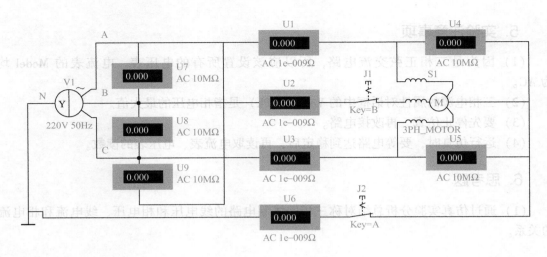

图 2-28　三相四线制电路电压电流测量

（2）闭合开关 J1 和 J2，单击"仿真"按钮，开始仿真。

（3）电路达到稳定后，分别在表 2-14 中记录各电压表、电流表的读数。三相线电流、线电压和相电压均对称，中线电流近似为零。

（4）断开开关 J2，则断开中性线，观察电路效果。各相电压、电流不变，说明在对称三相四线制电路中，中性线不起作用。

（5）闭合开关 J2，连通中性线。断开 J1，断开 B 相供电，使电路不对称。

（6）有中性线时，其他两相的电压、电流不变，但中线电流不再为零。

（7）断开开关 J2，则断开中性线。无中性线时，其他两相的相电压有效值变为线电压的一半，这说明在负载不对称的三相四线制电路中，中性线起很重要的作用。将相关数据记录在表 2-15 中。

4. 实验数据与结果

（1）对称三相四线制电路记录见表 2-14。

表 2-14　对称三相四线制电路记录

电路状态	U_1	U_2	U_3	U_4	U_5	U_6	U_7	U_8	U_9
有中性线									
无中性线									

（2）不对称三相四线制电路记录见表 2-15。

表 2-15　不对称三相四线制电路记录

电路状态	U_1	U_2	U_3	U_4	U_5	U_6	U_7	U_8	U_9
有中性线									
无中性线									

5. 实验注意事项

（1）因为是三相正弦交流电路，所以应该设置所有的电压表、电流表的 Model 均为 AC。

（2）三相电源的属性对话框中的 Voltage（Pk）是指相电压的最大值。

（3）要先停止仿真，再改接电路。

（4）运行仿真时，要等电路达到稳定后，再读取电流表、电压表的读数。

6. 思考题

（1）通过仿真实验分析总结对称三相四线制电路的线电压和相电压、线电流和相电流的关系。

（2）通过仿真实验分析总结三相四线制供电系统中中性线的作用。

（3）将电路的三相负载改为三角形联结，测量各相电压、电流。

第3章

模拟电路仿真实验

1. 实验目的

（1）掌握二极管的单向导电性，能正确理解二极管的非线性。

（2）掌握二极管伏安特性曲线测绘的方法，知道描点法的含义。

2. 实验原理

二极管：半导体二极管是一种最简单的半导体器件。它是从一个 PN 结的 P 区和 N 区各引出一条引线，然后再封装在管壳内，就制成一只半导体二极管。

二极管具有单向导电性：

（1）当二极管外加正向电压，即 P 区电位高于 N 区电位时，二极管导通。正向工作时电流较大，电阻较小；

（2）当二极管外加反向电压，即 N 区电位高于 P 区电位时，二极管截止。反向工作时电流较小，电阻较大。

3. 实验内容与步骤

在 Multisim 10 软件环境中正确搭建二极管正向电路图，并连接好实验电路，如图 3-1 所示。

二极管伏安特性

（1）调节直流稳压电源至 12V，接入电路。

（2）调节 RP_1 电位器，使二极管两端电压（电压表 U2 读数）由"0"开始，按表 3-1 所示数值逐渐增加，通过 U1 测出各点电压相对应的电流值。将数据记录在表 3-1 内。

（3）根据测得数据，用描点法绘制二极管正向伏安特性曲线。

（4）在 Multisim 10 软件环境中，按图 3-2 正确搭建二极管反向电路图，并连接好实验电路。

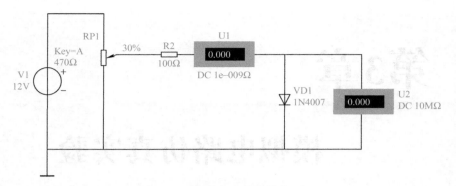

图 3-1　二极管正向伏安特性测量

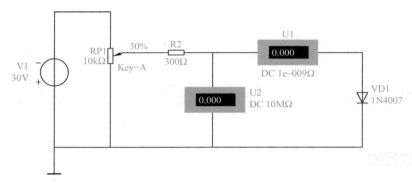

图 3-2　二极管反向伏安特性测量

（5）调节直流稳压电源至 30V 接入电路。

（6）调节 RP_1 电位器，使二极管两端电压（电压表读数）由"0"开始，按表 3-2 所示数值逐渐调节，测出各点电压相对应的电流值，将数据记录在表 3-2 内。

（7）根据测得的数据，用描点法绘制二极管反向伏安特性曲线。

4. 实验注意事项

（1）进行仿真实验时，要注意电压、电流的实际方向，以及二极管的方向。

（2）二极管两端电压可能调节不到题目要求，可以自行调节电源电压或电位器阻值。

5. 实验数据与结果

实验数据记录见表 3-1 和表 3-2。

表 3-1　二极管正向伏安特性实验数据

电压/V	0	0.1	0.2	0.3	0.4	0.5	0.6	0.7	0.8
电流/mA									

表 3-2　二极管反向伏安特性实验数据

电压/V	0	−2	−4	−6	−8	−10	−12	−14	−16	−18
电流/mA										

6. 思考题

（1）测量二极管正向伏安特性时，电流表接在电压表和二极管的外面（称为外接法），而测量二极管反向伏安特性时电流表接在电压表和二极管的里面（称为内接法）。这样接能减少测量的误差，为什么？

（2）你估计二极管的正向起始电压大约是多少？

3.2　利用直流扫描分析测量二极管的伏安特性曲线

1. 实验目的

（1）学习对电路进行直流扫描分析的具体操作方法。
（2）学习使用后期处理器对电路仿真结果进行处理。
（3）加深对二极管伏安特性的理解。

2. 实验原理

直流扫描分析是根据电路直流电源数值的变化，计算电路相应的直流工作点。利用直流扫描分析，可以快速地得出电路中某一直流工作点随电路中一个或两个直流电源的数值在指定范围内变化的情况。

在进行扫描分析前，可以选择直流电源的变化范围和增量，并指定所需分析的节点或直流电源。如果只扫描一个电源，得到的是输出节点值与电源值的关系曲线。如果扫描两个电源，则输出曲线的数目等于第二个电源被扫描的点数。第二个电源每扫描一个值，都对应一条输出节点值与第一个电源值的关系曲线。在进行直流扫描分析时，电路中所有电容视为开路，所有电感视为短路。

利用 Multisim 10 软件中的直流扫描分析功能可以直接得到元器件的伏安特性曲线。

3. 实验内容与步骤

（1）在 Multisim 10 软件环境中按图 3-3 正确搭建电路图，并连接好实验电路。
（2）依次单击工具栏中的"仿真"→"分析"→"DC Sweep Analysis"按钮，如图 3-4 所示。
在弹出的"直流扫描分析"对话框的"分析参数"中将"源1"的"增量"设定为 0.01V，如图 3-5 所示。

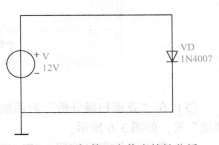

图 3-3　二极管正向伏安特性分析

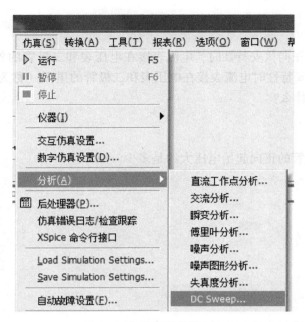

图 3-4　直流扫描分析命令

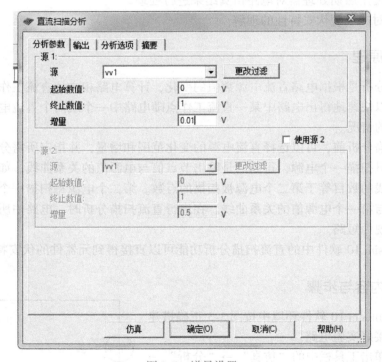

图 3-5　增量设置

（3）在"直流扫描分析"对话框的"输出"中点选 I（v1），并将它添加到"分析所选变量"里，如图 3-6 所示。

（4）单击"仿真"按钮，显示图 3-7 所示分析结果。可以看出，分析结果并不理想，

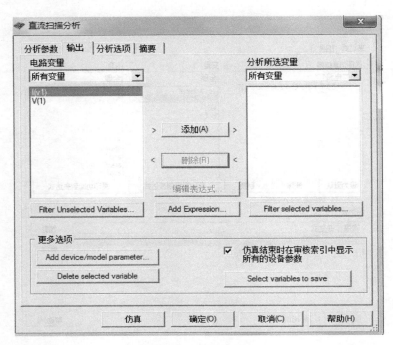

图 3-6 变量选择

主要是因为纵坐标的电流是负的。在 Multisim 10 软件中，电压源的电压方向与其电流方向是相反的（如果以电动势为参考，方向才是一致的），因此需要使用 Multisim 中的后期处理器对直流扫描分析结果进行处理。

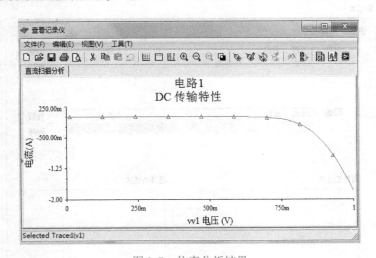

图 3-7 仿真分析结果

（5）依次选择工具栏中的"仿真"→"后处理器"，弹出"后处理"对话框。在"表达式"页面的"函数"中选择"-"，单击"复印功能到表达式"。再单击"变量"中的 I（v1），同样单击位于其下方的"复印功能到表达式"，如图 3-8 所示。

（6）在"后处理"对话框中"图表"页面里单击两个"加载"按钮。在"可用表达

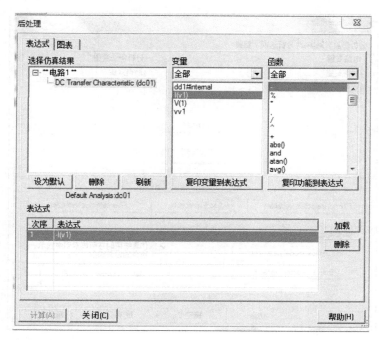

图 3-8　表达式修改

式"里选中"–I(v1)",再单击">"按钮,即可把"–I(v1)"送入"选择表达式",如图 3-9 所示。

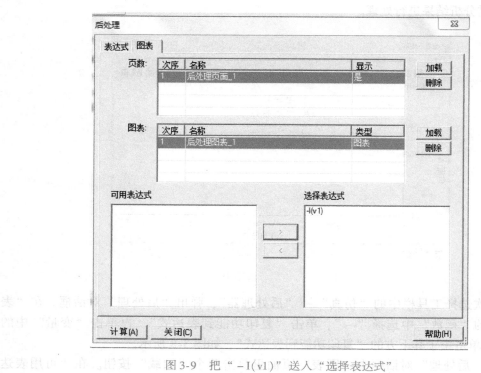

图 3-9　把"–I(v1)"送入"选择表达式"

（7）单击"计算"按钮，就可看到二极管的伏安特性曲线，如图3-10所示。

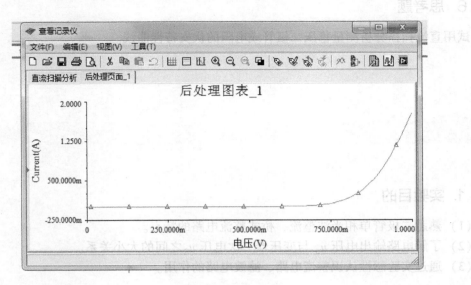

图3-10　仿真分析结果

4. 实验注意事项

在 Multisim 10 软件中，电压源的参考方向为关联参考方向，即其电流的参考方向是从电压源的正极指向负极。

5. 实验数据与结果

绘制或打印输出二极管的伏安特性曲线。

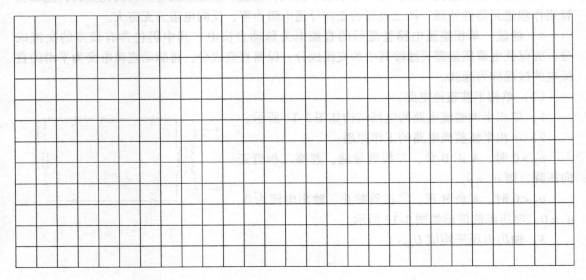

6. 思考题

试用直流扫描分析测量稳压二极管或电阻的伏安特性曲线。

3.3　整流和滤波电路分析

1. 实验目的

（1）熟悉二极管单相半波整流、桥式整流电路的特点。
（2）了解电路输出电压 u_o 与变压器二次电压 u_2 之间的大小关系。
（3）通过实验感性认识整流电路、滤波电路的作用。

2. 实验原理

（1）基本概念。

1）交流电：一般是指大小和方向随时间作周期性变化的电压（电流、电动势）。若遵循正弦函数规律变化则为正弦交流电。例如：常用的市电为单相正弦交流电，电压为220V，频率为50Hz。

2）直流电：方向不随时间变化的电压（电流、电动势）。例如：常用的 AA 干电池电压为1.5V，锂离子充电电池电压为3.6V。

3）整流：将交流电转换为直流电的过程。

常见的小功率整流电路，有单相半波、桥式、全波和倍压整流等。为简化分析，把二极管当作理想元器件处理，即二极管的正向导通电阻为零，反向电阻为无穷大。

4）滤波：单相整流电路整流后的直流电为脉动直流电，其中仍包含有较多的交流成分，为保证电源质量需要滤除其中的交流成分，保留直流成分，将脉动直流电变为平滑的直流电的过程称为滤波。

（2）单相半波整流电路。

1）单相半波整流电路的电路结构如图3-11所示。

2）单相半波整流电路的工作原理：

$u_2 > 0$ 时，A 正 B 负，二极管导通，忽略二极管正向压降，则 $u_o = u_2$。

$u_2 < 0$ 时，A 负 B 正，二极管截止，输出电流为0，$u_o = 0$。电压电流波形如图3-12所示。

3）输出电压平均值 U_{od}：

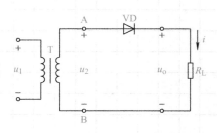

图3-11　单相半波整流电路

$$U_{od} = 0.45 U_2$$

4）负载上平均电流 I_d：

$$I_d = \frac{U_{od}}{R_L} = 0.45 \frac{U_2}{R_2}$$

5）二极管上的平均电流 I_{dt}：

$$I_{dt} = I_{od} = U_{od}/R_L$$

6）二极管上承受的最高电压 U_{RM}：

$$U_{RM} = \sqrt{2} U_2$$

（3）单相桥式整流电路。

1）单相桥式整流电路结构如图3-13所示。

2）单相桥式整流电路的工作原理及波形如图3-14所示。

图3-14是单相桥式整流电路的工作原理，图3-14a是正半周电流通路，VD_1、VD_3 导通，相当于一个闭合的开关，VD_2、VD_4 截止相当于开路。图3-14b是负半周电流通路，VD_2、VD_4 导通，相当于一个闭合的开关，VD_1、VD_3 截止相当于开路。图3-14c是电路各点的电压、电流波形。

3）输出电压平均值 U_{od}：

$$U_{od} = 0.9 U_2$$

4）负载上的平均电流 I_d：

$$I_d = \frac{U_{od}}{R_L} = 0.9 \frac{U_2}{R_L}$$

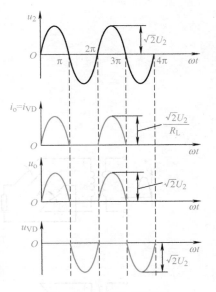

图 3-12 电压电流波形

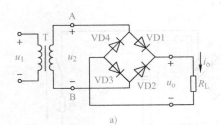 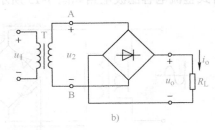

图 3-13 单相桥式整流电路结构

a）原理图 b）简化画法

5）二极管上的平均电流 I_{dt}：

$$I_{dt} = \frac{I_d}{2} = 0.45 \frac{U_2}{R_L}$$

6）二极管上承受的最高电压 U_{RM}：

$$U_{RM} = \sqrt{2} U_2$$

（4）滤波电路。

1）滤波电路的结构特点：电容与负载 R_L 并联，或电感与负载 R_L 串联。

2）滤波电路工作原理：利用储能元件电容两端的电压（或通过电感中的电流）不能突变的特性，滤掉整流电路输出电压中的交流成分，保留其直流成分，达到平滑输出电压波形

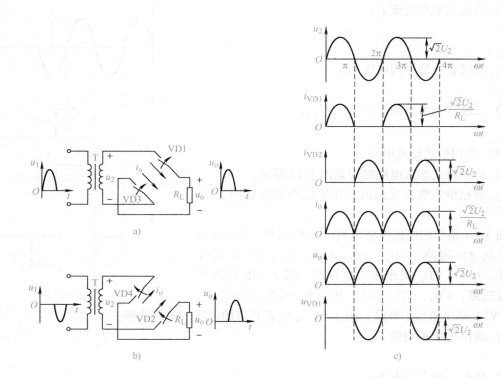

图 3-14　单相桥式整流电路的工作原理及波形

a）正半周　b）负半周　c）电压电流波形

的目的。桥式整流电容滤波电路如图 **3-15** 所示。

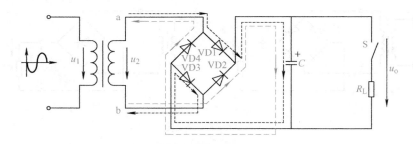

图 3-15　桥式整流电容滤波电路

如果整流滤波电路的负载电阻开路，则滤波电容上充的电由于没有放电回路，将一直保持，使输出电压可以达到正弦交流电的最大值，如图 **3-16** 所示。

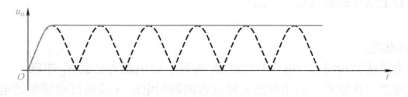

图 3-16　整流滤波无负载输出电压波形

如果整流滤波电路的负载电阻接通，则滤波电容会一会儿由电源充电，一会儿对负载放电。输出电压波形近似锯齿波（图 3-17），输出电压的幅度会随着负载的增加而减小。一般输出电压 $u_o = (1.2 \sim 1.4)u_2$。

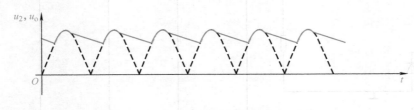

图 3-17　整流滤波带负载输出电压波形

电容滤波电路适用于输出电压较高、负载电流较小且负载变动不大的场合。

RC－∏形滤波电路如图 3-18 虚线框内所示，是在电容滤波电路的基础上再加一级电容滤波，滤波效果更好，主要用于负载电流较小而要求输出电流脉动很小的场合。

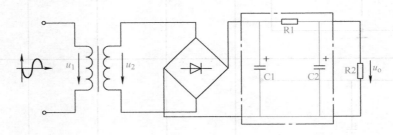

图 3-18　RC－∏形滤波电路

3. 实验内容与步骤

在 Multisim 10 软件里依次绘制如表 3-3 所示各原理图，用万用表测量输入交流电及输出直流电的大小。使用虚拟示波器测量输出电压波形，并做好相应记录。为了计算方便，将输入电压有效值设定为 100V。为了与我国民用电一致，交流电的频率设定为 50Hz。

4. 实验注意事项

（1）单相半波整流按原理只需一个整流二极管，表 3-3 中画了两个，是为了与桥式整流电路相比较。建议学生实验时也采用两个。

（2）测量输入、输出电压时要注意万用表的档位是交流还是直流。

5. 实验数据与结果

整流滤波电路汇总见表 3-3。

表 3-3　整流滤波电路汇总

电 路 形 式	输入电压 U_2	输出电压 U_o	U_o/U_2	输出电压波形
VD1 1N4007　V1　VD4 1N4007　R1 3kΩ				
VD1 1N4007　V1　VD4 1N4007　C1 100μF　R1 3kΩ				
VD1 1N4007　V1　VD4 1N4007　C1 100μF				
VD1 1N4007　V1　VD4 1N4007　R2 50Ω　C1 100μF　C2 100μF　R1 3kΩ				
VD1 1N4007　VD2 1N4007　V1　VD3 1N4007　VD4 1N4007　R1 3kΩ				

（续）

电 路 形 式	输入电压 U_2	输出电压 U_o	U_o/U_2	输出电压波形

6. 思考题

根据实验结果，试分析负载电阻及滤波电容对输出电压大小及波形的影响。

3.4　直流可调稳压电源性能测试

---

1. 实验目的

（1）通过实验进一步熟悉串联型负反馈稳压电路的工作原理。

（2）学会稳压电源的调试方法及性能测试。

2. 实验原理

前面讨论的整流滤波电路实际上就是一个整流电源，其优点是线路简单，缺点是输出的直流电压不够稳定。影响整流电源输出稳定性的因素有两个方面：一是交流电网电压经常变动，导致输出电压随之变化；二是电源具有一定的内阻，当负载变化时，输出电压将随之变化。为了克服上述缺点，得到高稳定性的电源，必须在整流电源输出端加稳压器。

下面对串联型负反馈稳压电路进行简单的说明。本实验采用的晶体管稳压电路如图 3-19 所示。该电路图可以分为整流滤波电路和稳压电路两大部分。普通交流 220V 电源经变压器降压至 12V 作为本电路交流电源 V_1，经 VD_2 ~ VD_5 整流二极管组成的桥式整流电路，和 C_1 滤波后作为稳压电路的直流输入电压 U_A（13 ~ 14V）。晶体管 VT_3 作为调整管，晶体管 VT_4 作为放大管。R_2 和稳压二极管 VD_1 组成基准电压回路。稳压二极管 VD_1 的稳定电压（约 5V）作为基准电压 U_B。电阻 R_3、R_4 和电位器 RP 组成分压式取样电路。改变电位器 RP 阻值可调节直流输出电压 U_o，C_2 是输出滤波电容。

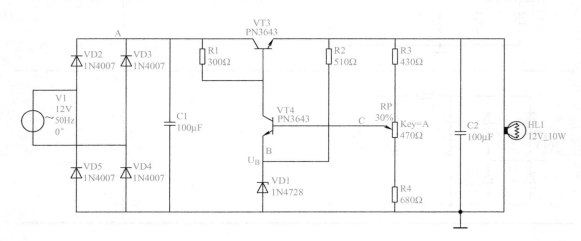

图 3-19 可调直流稳压电源

自动稳压原理：假设由于负载变大或者其他某种原因使得输出电压 U_o 下降。这个输出电压将会被取样电路获取，此时 C 点电压也会成比例地下降。对于放大管 VT_4，基极电压下降将导致集电极电压上升。然后由于放大管 VT_3 基极电压上升，就会导致其发射极电压上升，即输出电压上升。显然这是一个负反馈的自动稳压过程。

稳压电源的主要性能指标介绍如下。

（1）稳压系数：

$$s = \frac{\Delta U_o / U_o}{\Delta U_i / U_i}$$

（2）稳压器内阻：

$$R_0 = \frac{\Delta U_o}{\Delta I_o}$$

3. 实验内容与步骤

（1）测量直流工作点。

1）在 Multisim 10 软件中绘制如图 3-19 所示电路，并保存。

2）将 VT_3、VT_4 的电流放大倍数调整到 200，输入交流电源电压调整为 12V。

3）开始仿真，调节电位器 RP 使输出直流电压等于 10V。在表 3-4 中记录 VT_3、VT_4 的静态电压。

（2）负载变化时，稳压电路稳压性能测试。保持输入交流电压 12V 不变，改变负载电阻大小，达到改变负载电流的目的。当负载电流在 200～500mA 范围内变化时，将输出电压的变化记录在表 3-5 内，并绘制电源外特性曲线。

（3）输入交流电源电压变化时稳压电路稳压性能测试。将输入交流电压调节到 12V，调节电位器 RP 使输出电压为直流 10V，改变负载电阻使输出电流为 200mA，测量输出电压 U_0 并做好记录。改变输入交流电压大小，变化幅度为 ±10%、±20%。在表 3-6 中分别记录四次变化的输出电压，验证在输入电压变化时输出电压的稳定性。

4. 实验数据及结论

（1）测试晶体管静态电压，并将测试的结果填入表 3-4。

表 3-4　晶体管静态工作点记录

测试点	U_{B3}	U_{C3}	U_{E3}	U_{B4}	U_{C4}	U_{E4}
电压/V						

（2）将负载电流变化对应的输出电压实验数据填入表 3-5。

表 3-5　负载电流变化对应的输出电压实验数据

I_L/mA	200	250	300	350	400	450	500
U_o/V							

（3）试绘制电源外特性曲线。

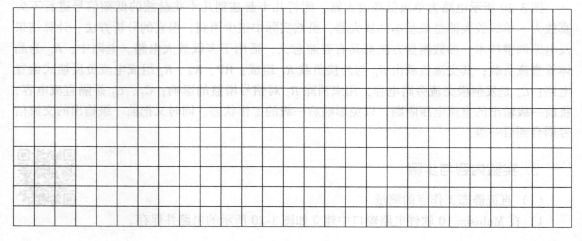

（4）将输入电压变化对输出电压的影响填入表 3-6。

表 3-6　U_I-U_O 特性

输入电压 U_I/V	9.6	10.8	12	13.2	14.4
输出电压 U_O/V					

5. 思考题

（1）如果没有基准电压，也就是 VD$_1$ 短路，输出电压会怎样变化？

（2）可以证明基准电压 U_B 加上 0.7V 就约等于 U_C，而 U_C 又是输出电压 U_o 经过 R_3、RP、R_4 分压得到的。根据这一关系，试计算电路的输出电压范围。

3.5　单级放大器的性能测试

1. 实验目的

（1）掌握对单级放大器的静态工作点的测量和调试方法。
（2）掌握阻容耦合放大器的输入电阻、输出电阻的测量。
（3）掌握阻容耦合放大器的电压放大倍数的测量。
（4）分析静态工作点对输出波形失真和电压放大倍数的影响。

2. 实验原理

图 3-20 所示电路为单级低频放大器，能将几十赫兹到几十兆赫兹的低频信号进行不失真放大。单级放大器是最基本的放大器，虽然实际中很少用到，但它的分析方法、计算结果及电路调整技术、参数测量方法都具有普遍意义，适用于多级放大电路。电路中，R_C 为晶体管直流负载；其交流负载由 R_C 与外接负载 R_L 组成；RP、R_B、R_e 组成电流负反馈式偏置电路；C_e 是发射极交流旁路电容，用来消除 R_e 对信号增益的影响；C_1、C_2 是隔直流电容，将前一级输出的直流电压隔断，以免影响后一级的工作状态，同时又把前一级输出的交流信号耦合到后一级。

3. 实验内容与步骤

（1）直流静态工作点的测量。
1）在 Multisim 10 软件电路窗口中建立如图 3-20 所示的电路并保存。

单级放大器

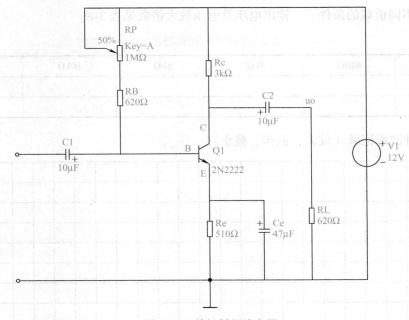

图 3-20　单级低频放大器

2）将晶体管 2N2222 的放大倍数调整为 200。

3）调节 RP 电位器，使得集电极电流等于 2mA。

4）用万用表测量晶体管的静态工作点 U_B、U_C、U_E，将结果记录在 3-7 表内。

（2）电压放大倍数的测量。

1）在虚拟仪器里面取出函数信号发生器。将信号源调至正弦信号，频率调至 1kHz，幅度调至 10mV。

2）用示波器通道 A 观察信号发生器输出波形是否正常。

3）将信号发生器的输出信号接到电路输入端。

4）用示波器通道 B 观察放大器输出电压 U_0 波形，记录 $R_L=620\Omega$ 时的输出电压波形。

5）在不同的负载条件下，测量对应的输出电压，将结果记录在表 3-8 内。

（3）静态工作点对放大倍数及输出波形的影响。

1）断开负载，输入信号保持不变，用示波器监测输出电压波形。

2）调节电位器 RP，用示波器通道 A 观察信号发生器输出波形是否正常。

3）记录 $R_L=620\Omega$ 时饱和失真、截止失真的输出电压波形。

4. 实验数据及结论

（1）静态工作点测量记录见表 3-7。

表 3-7　静态工作点记录表

测试条件	测 量 值			计 算 值		
	U_B	U_E	U_C	U_B	U_E	U_C
$I_C=2\text{mA}$						

（2）在不同负载的条件下，输出电压及电压放大倍数见表 3-8。

表 3-8　不同负载条件下输出电压、电压放大倍数

R_L	620Ω	3kΩ	5kΩ	10kΩ	∞
U_O					
A_U					

（3）三种波形记录（放大、饱和、截止）。

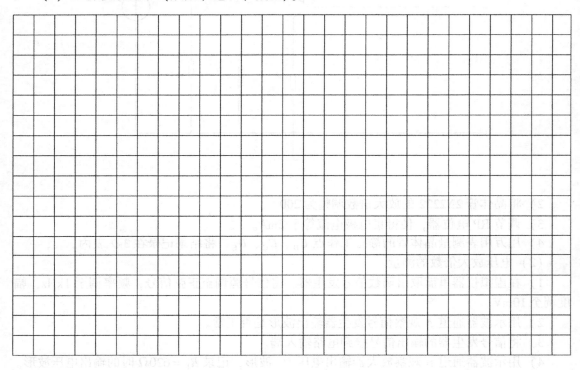

5. 思考题

固定偏置放大电路的静态工作点怎么设置才合适？

3.6　射极跟随器性能测试

1. 实验目的

（1）通过与阻容耦合放大器的比较，掌握射极跟随器的特点。

（2）掌握射极跟随器的输入与输出电阻的测量方法。

（3）分析晶体管放大倍数、负载变化对射极跟随器性能的影响。

2. 实验原理

由于射极跟随器具有高输入阻抗和低输出阻抗的特性，因此它得到广泛的应用。如图 3-21 所示，图中 R_e 是发射极直流偏置电阻，也是输出信号的取样电阻。负载电阻 R_L 与 R_e 并联，信号由基极输入，由发射极输出。从实验原理图中可以看到，输出电压 u_o 与输入电压 u_i 相差一个基极与发射极之间的交流压降 u_{BE}，即 $u_o = u_i - u_{BE}$，所以 $u_o \leqslant u_i$，并且 u_i 与 u_o 同相。

利用射极跟随器的高输入阻抗的特点，可以将其作为电路的高阻抗输入级，从而减小电路从信号源吸收的功率。利用射极跟随器低输出阻抗的特点，可以将其作为电路的输出级，提高电路带负载的能力。将射极跟随器插在两级放大器之间作为缓冲级，可以减小后级对前级的影响，提高多级放大器的增益，扩展通频带。

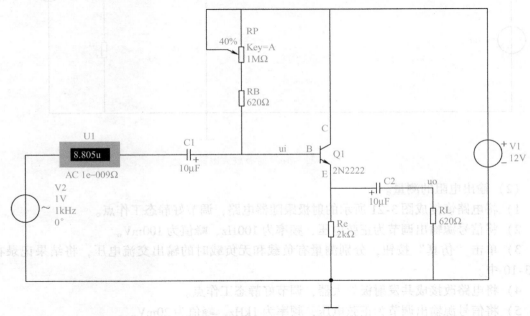

图 3-21 射极跟随器电路

3. 实验内容与步骤

射极跟随器

（1）输入电阻的测量。

1）在 Multisim 10 软件电路窗口中建立如图 3-21 所示的电路并保存。

2）将晶体管 2N2222 的放大倍数调整为 200。

3）将信号源输出调节为 0V，调节 RP 电位器，使得 $U_E = 6V$。

4）将信号源输出调节为正弦电压，频率为 100Hz、峰值为 100mV，将电流表设定为交流。单击"仿真"按钮，测量信号电流，将结果记录在表 3-9 内。

5）将电路改接成共发射极放大器并保存，如图 3-22 所示。

6）将晶体管 2N2222 的放大倍数调整为 200。

7）将信号源输出调节为0V，调节RP电位器，使得$U_C = 6V$。

8）将信号源输出调节为正弦、频率为100Hz、峰值为100mV，将电流表设定为交流。单击"仿真"按钮，测量信号电流，将结果记录在表3-9内。

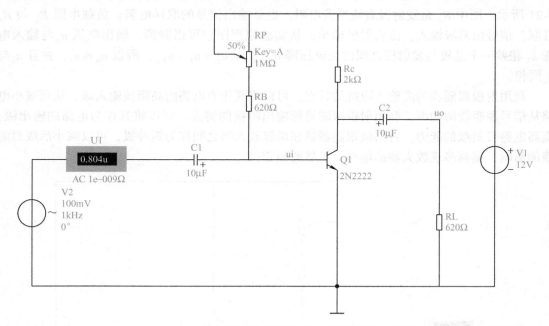

图3-22 共发射极放大电路

（2）输出电阻的测量。

1）将电路恢复成图3-21所示的射极跟随器电路，调节好静态工作点。

2）将信号源输出调节为正弦电压，频率为100Hz、峰值为100mV。

3）单击"仿真"按钮，分别测量有负载和无负载时的输出交流电压，将结果记录在表3-10中。

4）将电路改接成共发射极放大器，调节好静态工作点。

5）将信号源输出调节为正弦电压，频率为1kHz、峰值为20mV。

6）单击"仿真"按钮，分别测量有负载和无负载时的输出交流电压，将结果记录在表3-10中。

7）计算电路的输出电阻。电路的输出电阻不能用万用表直接测得，需要利用全电路欧姆定律，把放大器作为一个信号源或电压源，用求解内阻的办法求得。具体公式如下：

$$R_o = \left(\frac{U_o}{U_{oL}} - 1 \right) R_L$$

（3）电压放大倍数的测量。

1）将电路恢复成射极跟随器电路，调节好静态工作点。

2）将信号源输出调节为正弦电压，频率为1kHz、峰值为100mV。

3）单击"仿真"按钮，分别测量接不同负载时的输出交流电压，将结果记录在表3-11中。

4）计算不同负载条件下的电压放大倍数。

4. 实验数据与结果

数据记录见表 3-9 ~ 表 3-11。

表 3-9 输入电阻测量记录

测试条件	测 量 值		计 算 值
	U_i	I_i	r_i
射极跟随器			
共发射极放大器			

表 3-10 输出电阻测量记录

测试条件	测 量 值		计 算 值
	U_o（空载）	U_{oL}（带负载）	$R_o = \left(\dfrac{U_o}{U_{oL}} - 1\right) R_L$
射极跟随器			
共发射极放大器			

表 3-11 电压放大倍数测量计算表

测试条件 R_L	测 量 值		计 算 值
	U_i	U_o	$A_u = \dfrac{U_o}{U_i}$
2kΩ			
4kΩ			
400Ω			

5. 思考题

（1）接不同负载时，射极跟随器的电压放大倍数有什么特点？试分析原因。

（2）为什么射极跟随器比共发射极放大器的输入阻抗高、输出阻抗低？

（3）试比较一下共发射极放大器和射极跟随器的幅频特性。

3.7 多级放大电路的幅频特性测试

1. 实验目的

（1）理解负反馈对放大电路性能的影响。

（2）了解多级放大器中后级对前级的影响，同时验证电压总放大倍数是单级电压放大倍数的乘积。

（3）了解多级放大器的通频带比单级通频带窄的原因。

2. 实验原理

在实际应用中，通常要求放大器有几百、几千甚至更高的放大倍数。在这种情况下，单级放大电路是无法满足要求的，需要两个或者几个单级放大电路连接起来，将信号逐级放大。放大器的级与级之间可以用电阻、电容来耦合，图 3-23 中 C_2、C_4 是耦合电容，也是隔直流电容。C_2 是把前级（第一级）晶体管集电极上的交流电压信号传送到下一级晶体管的基极上。同时将前一级晶体管集电极的直流电压和后一级晶体管的基极电压隔断，使得前后两级的直流工作状态互不影响，而交流信号却可以顺利地通过耦合电容。所以，在阻容耦合放大电路中，各级静态工作点是可以单独考虑的。

（1）多级放大电路的电压放大倍数。电子线路理论与实践证明，两级放大电路的总的电压放大倍数等于第一级电压放大倍数与第二级电压放大倍数的乘积。不过值得注意的是，后一级的输入电阻要作为前一级的负载电阻来考虑。

（2）多级放大电路的频率特性。多级放大电路的通频带比单级放大电路的通频带窄。

3. 实验内容与步骤

（1）在电路窗口中建立如图 3-23 所示的电路，并保存。

（2）双击 VT_1、VT_2，设置电流放大倍数为 200。接通直流电源，断开信号源连线，使电路处于 0 输入的静态工作状态，测量并记录电路的静态工作点。如果静态工作电压 U_{CE} 偏离 $U_{CC}/2$ 太多，请自行调整元件参数，使其在合理范围内。将相关数据记录在表 3-12 中。

（3）多级放大电路的放大倍数。将信号发生器调到正弦电压，1kHz、100mV，连接到电路中。

调节输入信号幅值，用示波器检测观察 VT_1 集电极输出电压的波形，当输出波形最大且不失真的时候，将第一级放大电路输入、输出电压峰值记录在表 3-13 中，并计算电压放大倍数。

单独测量第二级放大电路的放大倍数。断开信号源与 C_1 之间的连线（8 号线），将信号源连接到 C_2 之前，观察 VT_2 集电极输出电压的波形。同样，当输出波形最大且不失真的时候，记录输入、输出电压峰值，并计算电压放大倍数。

将输入信号重新恢复到 C_1 之前，电路组成一个两级放大电路。调节输入信号大小，监测负载电阻 R_6 上面的输出波形，当输出波形最大且不失真的时候，将输入电压和输出电压的峰值记录在表 3-13 中，并计算电压放大倍数。

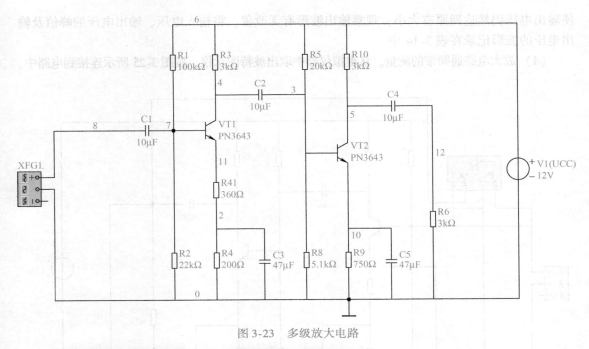

图 3-23　多级放大电路

观察负反馈对放大电路输出波形非线性失真的改善。

在上述实验的基础上，逐渐加大输入信号幅度，使输出电压波形有明显失真。将输入电压、输出电压的峰值及输出电压的波形记录在表 3-14 中。

在电路中，添加负反馈电路——R_F 和 C_F，如图 3-24 所示。逐渐加大输入信号的幅度，

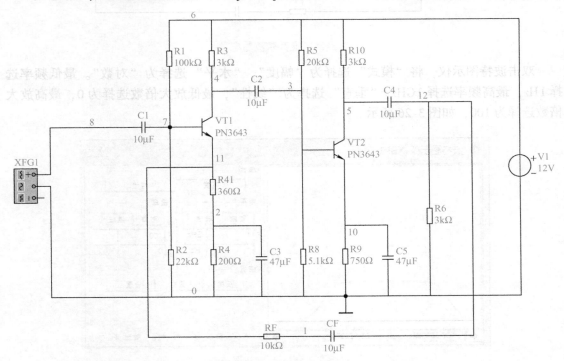

图 3-24　负反馈多级放大电路

使输出电压仍然达到原有大小，观察输出波形有无改善。将输入电压、输出电压的峰值及输出电压的波形记录在表3-14中。

（4）放大电路通频带的测量。从虚拟仪器中取出波特图示仪，按图3-25所示连接到电路中。

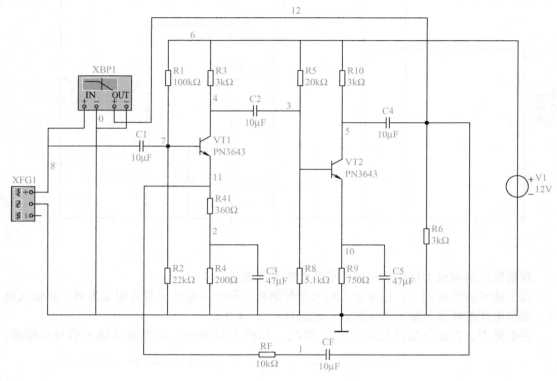

图3-25　通频带测量电路

双击波特图示仪，将"模式"选择为"幅度"，"水平"选择为"对数"。最低频率选择1Hz，最高频率选择1GHz。"垂直"选择为"线性"，最低放大倍数选择为0，最高放大倍数选择为100，如图3-26所示。

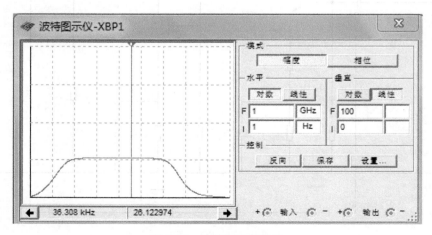

图3-26　波特图示仪设置

单击"仿真"按钮，获得放大电路的幅频特性，记录幅频特性曲线中间段的电压放大倍数 A_u。左右移动波特图示仪标尺，找出下限截止频率和上限截止频率（截止频率是指电路的电压放大倍数下降到电压最大放大倍数的 0.707 倍时的频率）。

撤去反馈电路（R_F、C_F），重新测量电路的幅频特性曲线，将结果记录在 3-15 表内。

4. 实验数据与结果

实验数据记录见表 3-12～表 3-15。

表 3-12　静态工作点测量计算

管　号	参　数　值					
	测量参数				计算参数	
	U_C	U_B	U_E	I_C	U_{CE}	U_{BE}
VT$_1$						
VT$_2$						

表 3-13　放大倍数测量记录

测试条件	输入电压 U_i	输出电压 U_o	电压放大倍数 A_u
第一级			
第二级			
两级放大			

表 3-14　有、无反馈测量记录

测试条件	输入电压 U_i	输出电压 U_o	输出电压波形
无反馈、有失真			
有反馈、无失真			

表 3-15　通频带测量记录

测试条件	下限截止频率 f_L	上限截止频率 f_H	频带宽度
无反馈			
有反馈			

5. 思考题

（1）多级放大电路的放大倍数如何计算？求解过程中要注意什么？

（2）在多级放大电路中，后级对前级有无影响？

3.8 互补对称式（OTL）功率放大器性能测试

1. 实验目的

（1）掌握互补对称式功率放大器静态工作点的调整与测试方法。

（2）掌握输出功率 P_o 和效率 η 的测试方法。

（3）了解交越失真产生的原因、克服的措施及自举电路的作用。

2. 实验原理

实验电路如图 3-27 所示，晶体管 VT_1 为前置放大级，VT_2 和 VT_3 组成互补对称功率放大电路，RP_5、RP_7 为调节元件。

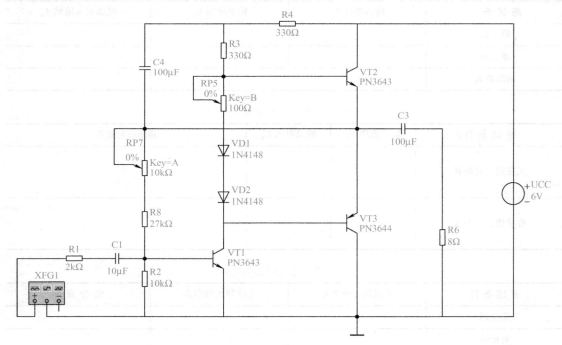

图 3-27 互补对称式（OTL）功率放大电路

输入信号经 C_1 耦合到 VT_1 的基极，经 VT_1 激励放大后从集电极输出，再送入功放管 VT_2、VT_3 的基极，经 VT_2、VT_3 推挽功率放大后，由 C_3 耦合到负载（由于 Multisim 10 器件库中没有扬声器，故用 8Ω 电阻 R_6 代替）。

OTL 输出中点直流电位约为电源电压的一半，当信号输入时，VT_2 放大上半周信号，VT_3 放大下半周信号，上、下半周信号使 VT_2、VT_3 轮流导通与截止，经电容 C_3 充电与放电，充放电电流流过扬声器（图中为 R_6）发出声音。

功放管 VT_2、VT_3 选用 PN3644 和 PN3643，要求是 PNP 和 NPN 配对管，两管性能基本相同，β 值接近。

R_4、C_4 组成自举电路，可以提高电路输出信号的幅度。

3. 实验内容与步骤

（1）静态测试。将信号发生器输出幅度调节到 0V（或者切断从信号发生器到 R_1 的连线），调节电位器 RP_7，使电路输出端（VT_2、VT_3 的发射极）静态直流输出电压为 3V。

（2）消除交越失真的调试。采用动态调试法消除交越失真。先将可调电阻 RP_5（指等效电阻）调到 0Ω，然后输入 1kHz 正弦信号，信号幅度由零逐渐增大，用示波器观察电路输出端（VT_2、VT_3 的发射极）的输出信号，将会看到一个存在交越失真的电压波形；这时逐步增大 RP_5，交越失真将得到改善，调整 RP_5 直到交越失真消失为止。需注意不可过调，过调会造成放大器的效率降低，甚至由于输出管工作电流过大而烧坏晶体管；为防止过调，可将电流表串联在 VT_2 集电极进行监测。当然对于仿真调试无所谓损坏，但在实际应用中是一定要注意的。

由于功放输出级与前置放大级 VT_1 是直接耦合，因此前、后级工作点存在相互影响，所以对 RP_7、RP_5 往往需反复调节。调节满意后将静态工作点数据记录在表 3-16 中。

（3）输出功率与效率的测试。输出功率 P_o 的测量。只要测出负载 R_L（即 R_6）上输出信号电压有效值 U_o，即可求得功放输出交流功率：

$$P_o = \frac{U_o^2}{R_L}$$

将结果记录在表 3-17 中。

电源直流功率的测量。只要测出电源供给的平均电流 I_E（包括电源供给的静态电流和信号电流的平均值之和），即可求得电源输出功率：

$$P_E = U_{CC} I_E$$

功率放大器的效率为

$$\eta_O = \frac{P_o}{P_E} \times 100\%$$

每只功放管管耗 P_C 近似为

$$P_C = \frac{1}{2}(P_E - P_o)$$

将结果记录在表 3-18 中。

（4）自举效果的测量。本 OTL 功率放大电路原理图中，最后的推挽输出级其实是一个射极跟随器，输出负载接在发射极，会产生交流负反馈。尤其当输出信号幅度比较大的时候，影响会更加明显。为了克服这种现象，电路中加了 R_4、C_4 自举电路。其中 C_4 称为自举电容，R_4 是隔离电阻。

将电路中自举电容 C_4 直接删除，观察输出交流信号幅度的变化。

（5）小信号交越失真的测量。将 VD_1—VD_2—RP_5 串联支路用导线直接短接，调节 RP_7 使静态时直流输出电压为 3V。

在输入端接入 1kHz 交流信号，慢慢调大输入信号幅度，观察输出信号电压波形并记录。

4. 实验数据及结论

（1）测试晶体管静态电压，并将测试的结果填入表 3-16 中。

表 3-16　静态工作点测量记录

测试点	U_{B3}	U_{C3}	U_{E3}	U_{B2}	U_{C2}	U_{E2}	U_{B1}	U_{C1}	U_{E1}
电压									

（2）测量最大的输出功率 P_{OM}（表 3-17）：在放大器的输入端输入 1kHz 的正弦信号，逐渐增大输入正弦电压的幅值，使输出电压达到最大值，但失真尽可能小，测量并读出此时输入及输出电压的有效值。

表 3-17　输出功率测量记录

U_i	U_o	R_L	$P_{OM} = \dfrac{U_o^2}{R_L}$

（3）测量 OTL 功放效率（表 3-18）：将直流电流表串联接入电源支路，测量电路平均电流，计算电路的电源利用效率。

表 3-18　效率测量记录

电源电压 U_{CC}	电源输出电流 I_E	电源输出功率 P_E	功放输出功率 P_{om}	功放效率 $\eta_C = \dfrac{P_o}{P_E} \times 100\%$

（4）交越失真波形记录：

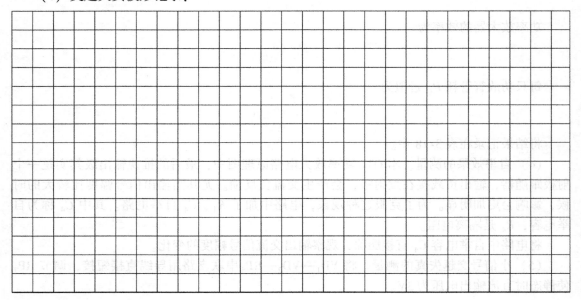

5. 思考题

（1）OTL 电路调试时 R_5—VD_1—VD_2 支路不允许开路，为什么？

（2）引起放大器交越失真的原因是什么？

3.9 RC 桥式正弦波振荡电路性能测试

1. 实验目的

（1）学习文氏电桥振荡电路的工作原理和电路结构。
（2）了解串并联网络的选频作用。
（3）分析元件参数和振荡频率的关系。
（4）熟悉电路中两种不同反馈的作用。

2. 实验原理

文氏电桥振荡器即 RC 桥式正弦波振荡器能产生较好的正弦波振荡波形，频率调节范围宽，所以在低频振荡器中获得广泛的应用。

文氏电桥振荡器是由一个具有选频作用的正反馈网络与一个具有负反馈的二级放大器组成的，其原理框图如图 3-28 所示。

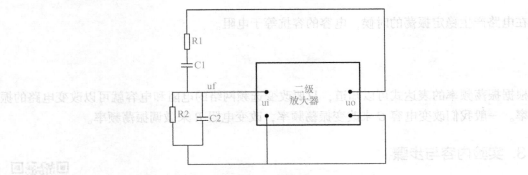

图 3-28 RC 桥式正弦波振荡器原理框图

图中 R_1、C_1、R_2、C_2 是选频网络，也是正反馈网络。为了计算方便，取 $R_1 = R_2 = R$，$C_1 = C_2 = C$。R、C 选频网络输出信号的大小与相位是与频率有关的两个参数函数，信号幅度与频率之间的关系称为幅频特性，信号相位与频率之间的关系称为相频特性，如图 3-29 所示。

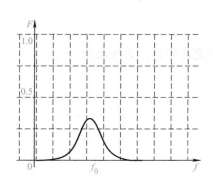
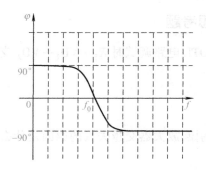

图 3-29　RC 桥式正弦波振荡电路幅频特性与相频特性

由振荡原理可知，要产生振荡必须首先满足相位条件，也就是要求反馈电压与放大器的输入电压相位相同。由于采用了两级阻容耦合放大，输出电压 u_o 与输入电压 u_i 是同相的，而要产生振荡必须使 u_{f+} 与 u_i 同相。由于 RC 串并联网络在频率等于 f_0 处能满足这一条件，所以能形成正反馈，RC 串并联网络又被称为选频网络。其他频率的信号由于满足不了相位条件，不能形成正反馈，最终会被抑制而消失。

在满足相位条件的基础上产生振荡的第二个条件是幅度条件，即满足：

$$A_u F \geqslant 1$$

式中，A_u 是两级放大器的增益，F 是反馈系数。$A_u F > 1$ 是振荡的起始条件，$A_u F = 1$ 是振荡的振幅稳定条件。由于正反馈的反馈系数是 1/3，所以起振时必须 $A_u > 3$，而振荡稳定时放大器的增益 $A_u = 3$。由于两级放大电路的电压放大倍数远远大于 3，为了满足振荡电路幅度条件，必须在放大器中引入一定量的负反馈。通过控制负反馈的深度，控制电路的放大倍数为 3，就能使电路在 f_0 这个频率上形成稳幅振荡。

理论研究和实践都可以证明电路的振荡频率可以用下式计算：

$$f_0 = \frac{1}{2\pi RC} \quad \text{或} \quad \omega_0 = \frac{1}{RC}$$

在电路产生稳定振荡的时候，电容的容抗等于电阻。

$$X_C = \frac{1}{\omega C} = R$$

根据振荡频率的表达式可以知道，只要改变选频网络的电阻和电容就可以改变电路的振荡频率。一般我们改变电容 C 来改变振荡频率，改变电阻 R 来微调振荡频率。

3. 实验内容与步骤

1）打开 Multisim 10 软件，在软件中绘制如图 3-30 所示电路图并保存。

2）将两个晶体管的电流放大倍数调整为 200，电源电压调整为 15V。

RC 桥式正弦波
振荡电路

3）开始仿真，用虚拟示波器监测输出端波形。调节电位器 RP_5，使输出波形为一条直线，电路不振荡。

4）测量电路静态工作点，将测量结果记录在表 3-19 中。

5）再次调节电位器 RP_5，使电路产生稳定振荡。使用示波器双踪功能，同时测量电路输入端和输出端的波形。记录输出、输入波形，注意两波形的相位关系、幅度大小。测量输出信号的周期，计算振荡频率，并记录在表 3-20 中。

6）改变振荡电容的大小，将 C_9、C_{10} 变为 $0.1\mu F$，再次测量输出波形的周期和频率，并记录在表 3-20 中。

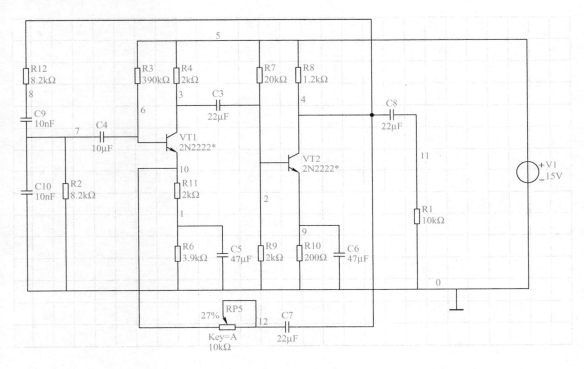

图 3-30　RC 桥式正弦波振荡电路

4. 实验数据与结果

（1）测试晶体管静态电压，并将测试的结果填入表 3-19 中。

表 3-19　静态工作点测量记录

测试点	U_{B1}	U_{C1}	U_{E1}	U_{B2}	U_{C2}	U_{E2}
电压/V						

（2）测量不同选频网络的振荡周期和频率，填入表 3-20。

表 3-20　振荡周期和频率测量记录

选 频 网 络	振荡周期 T/s（仿真实测）	振荡频率 f_0/Hz（仿真实测）	$f_0 = \dfrac{1}{2\pi RC}$/Hz（理论计算）
$R = 8.2\text{k}\Omega$, $C = 0.01\mu\text{F}$			
$R = 8.2\text{k}\Omega$, $C = 0.1\mu\text{F}$			

（3）输入、输出波形记录：

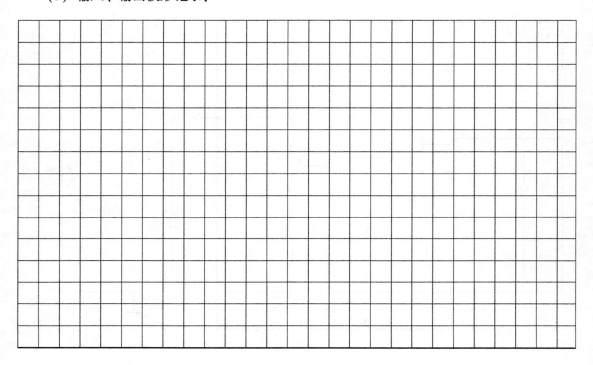

5. 思考题

（1）为什么一般通过改变电容 C 来改变振荡频率，通过改变电阻 R 来微调振荡频率。

（2）在学习了运算放大器之后，尝试利用如图 3-31 所示振荡电路完成本实验。

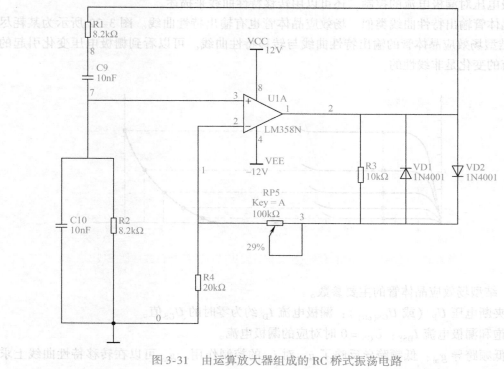

图 3-31　由运算放大器组成的 RC 桥式振荡电路

3.10　结型场效应晶体管性能测试

1. 实验目的

（1）学会测量场效应晶体管的跨导及绘制转移特性曲线。

（2）了解结型场效应晶体管共源极放大电路、输入输出电压的波形并计算电压增益。

2. 实验原理

（1）结型场效应晶体管。场效应晶体管与普通晶体管有所不同，普通晶体管中电子与空穴都参与导电，所以称为双极型晶体管。场效应晶体管中只有一种类型的多数载流子参与导电，所以场效应晶体管也称为单极型晶体管。场效应晶体管有三个极，分别是源极 S、栅极 G、漏极 D，与晶体管的发射极、基极、集电极对应。

晶体管是用基极电流控制集电极电流的，用电流放大系数 β 来描述电流的控制能力。场效应晶体管是用栅极电压 U_{GS} 控制漏极电流 I_D，控制能力用跨导 g_m 来表示。场效应晶体管的跨导为漏极电流的变化量（ΔI_D）与栅极电压变化量（ΔU_{GS}）之比。

$$g_m = \frac{\Delta I_D}{\Delta U_{GS}}$$

栅极电压对漏极电流的控制，还可以用转移特性曲线来描述。

与晶体管输出特性曲线类似，场效应晶体管也有输出特性曲线。图3-32所示为某耗尽型 N 型结型场效应晶体管的输出特性曲线与转移特性曲线。可以看到栅极电压变化引起的漏极电流的变化是非线性的。

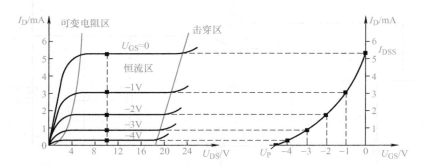

图 3-32   耗尽型 N 型结型场效应晶体管输出特性曲线与转移特性曲线

（2）结型场效应晶体管的主要参数。

1）夹断电压 U_P（或 $U_{GS(off)}$）：漏极电流 I_D 约为零时的 U_{GS} 值。

2）饱和漏极电流 I_{DSS}：$U_{GS} = 0$ 时对应的漏极电流。

3）低频跨导 g_m：低频跨导反映了 u_{GS} 对 i_D 的控制作用。g_m 可以在转移特性曲线上求得，单位是 mS（毫西门子）。

4）输出电阻 r_d：

$$r_d = \frac{\partial u_{DS}}{\partial i_D} \bigg|_{U_{GS}}$$

5）直流输入电阻 R_{GS}：对于结型场效应晶体管，反偏时 R_{GS} 约为 $10^7 \Omega$。

此外，还有最大漏源电压 $U_{(BR)DS}$、最大栅源电压 $U_{(BR)GS}$、最大漏极功耗 P_{DM}，以及场效应晶体管放大电路的电压增益（输出电压峰值与输入电压峰值之比）。

3. 实验内容与步骤

跨导测量与转移特性曲线绘制。

结型场效应晶体管

（1）在 Multisim 10 软件窗口中建立如图 3-33 所示的电路并保存。

（2）将电位器 RP 的灵敏度设定为 1%，调节电位器 RP，使场效应晶体管栅极电压由 $-1 \sim 1V$ 逐渐变化，将对应的漏极电流记录在表 3-21 中。根据测试结果计算跨导记录在表 3-22 中，并绘制转移特性曲线。

（3）搭建如图 3-34 所示的场效应晶体管共源极放大电路，函数信号发生器可按图 3-34 所示设置。

（4）单击"仿真"按钮激活电路，单击示波器图标打开面板。使用示波器双踪功能，同时观测并记录场效应晶体管放大电路输入端与输出端的电压波形。

（5）记录输入电压峰值和输出电压峰值，计算电压放大倍数，记录在表 3-23 中。

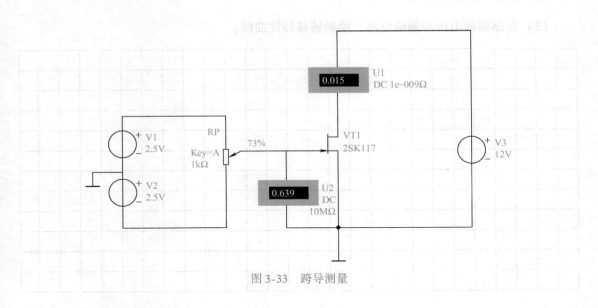

图 3-33　跨导测量

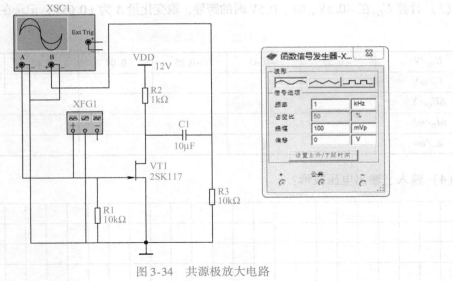

图 3-34　共源极放大电路

4. 实验数据与结果

（1）栅极电压与漏极电流记录见表 3-21。

表 3-21　栅极电压与漏极电流测量记录

U_{GS}/V	-1.0	-0.9	-0.8	-0.7	-0.6	-0.5	-0.4	-0.3	-0.2	-0.1	0
I_D/mA											
U_{GS}/V	1.0	0.9	0.8	0.7	0.6	0.5	0.4	0.3	0.2	0.1	0
I_D/mA											

（2）根据栅极电压与漏极电流，绘制转移特性曲线：

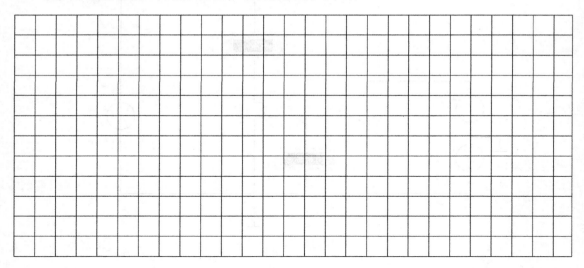

（3）计算 U_{GS} 在 $-0.5V$、$0V$、$0.5V$ 时的跨导，取变化量 Δ 为 $\pm0.05V$，记录在表 3-22 中。

表 3-22　跨导测量记录表

U_{GS}/V	-0.55	-0.45	-0.05	0.05	0.45	0.55
I_D/mA						
$\Delta U_{GS}/V$						
$\Delta I_D/mA$						
g_m/ms						

（4）输入、输出电压波形：

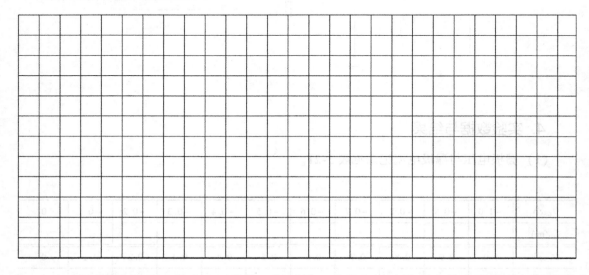

（5）记录输入电压、输出电压峰值，记录输入信号与输出信号之间的相位差，计算电压放大倍数，填入表 3-23。

表 3-23 电压放大倍数测量记录表

U_{ip}/V	U_{op}/V	相 位 差	电压放大倍数 A_U

5. 思考题

（1）场效应晶体管放大电路为什么输出电压波形正反方向、大小不一致。

（2）尝试用 MOS 场效应晶体管完成相同的实验。

3.11 反相比例放大器性能测试

1. 实验目的

（1）掌握运算放大器的接线与应用。

（2）通过实验理解运算放大器既能放大直流信号，又能放大交流信号的性能特点。

（3）掌握反相比例放大器放大倍数的计算方法。

2. 实验原理

集成运算放大器实际上是一种具有高输入阻抗、高放大倍数的直接耦合的多级放大电路。

集成运算放大器的电路符号如图 3-35 所示，它有两个输入端，标"＋"的输入端称为同相输入端，输入信号由此端输入时，输出信号与输入信号相位相同；标"－"的输入端称为反相输入端，输入信号由此端输入时，输出信号与输入信号相位相反。

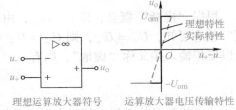

理想运算放大器符号　　运算放大器电压传输特性

图 3-35 运算放大器符号及传输特性

运算放大器的应用方式有线性和非线性两种。

线性应用是指运算放大器工作在其特性的线性区，运算放大器内部的晶体管工作在线性放大区。基本电路有同相比例电路、反相比例电路、同相加法电路、反相加法电路、差动电路、积分电路和微分电路。

非线性应用是指运算放大器工作在其特性的非线性区，运算放大器内部的晶体管工作在截止区或饱和区。基本电路有比较器电路、波形变换电路、波形产生电路。

电路是否具有负反馈可作为判别运算放大器是线性应用还是非线性应用的依据，线性应用一般需要加负反馈来控制运算放大器的电压放大倍数。

集成运算放大器工作在线性区的几个重要特点：

（1）虚断。由输入电阻 $r_{id} \approx \infty$ ，得 $i_+ = i_- \approx 0$ ，即理想运算放大器两个输入端的输入电流近似为零。

（2）虚短。由开环放大倍数 $A_{od} \approx \infty$ ，当运算放大器线性应用时，输出是一个有限值，由 $u_o/A_{od} = u_i = u_+ - u_-$ ，倒推回输入端，得 $u_+ - u_- \approx 0$ ， $u_+ \approx u_-$ ，即理想运算放大器两个输入端的电位近似相等。

（3）虚地。运算放大器线性应用时，若信号从反相输入端输入，而同相输入端接地，则 $u_- \approx u_+ \approx 0$ ，即反相输入端的电位为地电位，通常称为虚地。

根据实验电路图 3-36 所示，输入信号 U_i 通过电阻 R_1 加到集成运算放大器的反相输入端，输出信号通过反馈电阻 R_f 反送到运算放大器的反相输入端，构成电压并联负反馈。

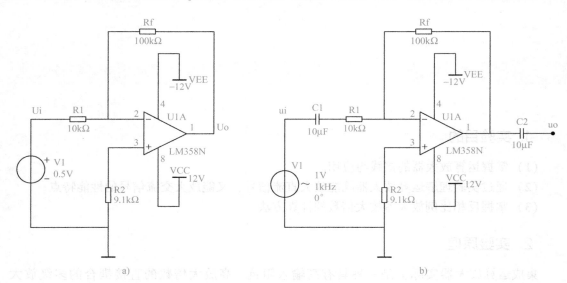

图 3-36　反相比例放大器

a）直流放大电路　b）交流放大电路

根据"虚断"概念，即 $i_- = i_+$ ，由于 R_2 接地，所以同相端电位 $U_+ = 0$ 。又根据"虚短"概念可知， $U_- = U_+$ ，则 $U_- = U_+ = 0$ ，反相端电位也为零。但反相端又不是接地点，所以反相输入端又称"虚地"，则有

$$-i_1 = i_f, \quad i_1 = \frac{U_i}{R_1}, \quad i_f = -\frac{U_o}{R_f} \quad 则 \quad U_o = -\frac{R_f}{R_1}U_i$$

该电路就成了反相比例放大器。反相比例放大电路的闭环电压放大倍数：

$$A_{uf} = -\frac{R_f}{R_1}$$

⫽ 3. 实验内容与步骤

（1）在电路窗口中建立如图 3-36a 所示电路，并保存。

反相比例放大器

（2）将直流电源调至 ±12V，按直流放大电路连接好电源。

（3）调节 V_1 输出电压，改变运算放大器反相输入电压 U_i 为 0.5 或 −0.5V，并记录对应的输出电压，计算两次直流电压放大倍数。

（4）将电路改接成交流放大电路，如图 3-36b 所示，信号源调节至频率为 1kHz、电压峰峰值 $U_{pp} = 500\text{mV}$ 的正弦波，接入电路。记录对应的输入、输出电压波形。

（5）改变运算放大器反相输入电压峰峰值 $u_{ipp} = 3\text{V}$，记录对应的输入、输出电压波形，并计算两次交流电压放大倍数。

4. 实验数据与结果

（1）直流电压放大倍数：当 $U_i = 0.5\text{V}$ 时，$U_o = $ _____，$A_U = $ _____；当 $U_i = -0.5\text{V}$ 时，$U_o = $ _____，$A_U = $ _____。

（2）交流电压放大倍数：当 $u_{ipp} = 0.5\text{V}$ 时，$u_{opp} = $ _____，$A_u = $ _____；当 $u_{ipp} = 1\text{V}$ 时，$u_{opp} = $ _____，$A_u = $ _____。

（3）输入输出电压波形。

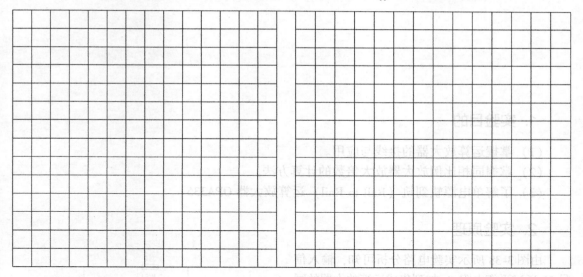

$u_{ipp} = 0.5\text{V}$ 输入输出波形　　　　　$u_{ipp} = 3\text{V}$ 输入输出波形

5. 思考题

（1）反相比例放大电路的直流电压放大倍数与交流电压放大倍数一样吗？

（2）当输入交流信号 $U_{ipp} = 3\text{V}$ 时，为什么输出信号产生失真？

（3）把运算放大器的电源改为单电源供电，电路仿真原理图如图 3-37 所示，完成软件仿真。观察电路结构有什么不同，为什么要这样修改电路？输出的信号在 C_2 之前与 C_2 之后有什么不同，为什么会有这样的效果？

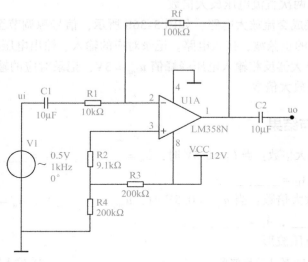

图 3-37　单电源反相比例放大电路

3. 12　同相比例放大器性能测试

1. 实验目的

（1）掌握运算放大器的接线与应用。

（2）掌握同相比例放大器放大倍数的计算方法。

（3）了解单电源轨到轨（Rail to Rail）运算放大器 OPA335。

2. 实验原理

由图 3-38 所示实验电路分析可知，输入信号 U_i 通过平衡电阻 R_2 加到集成运算放大器的同相输入端，输出信号通过反馈电阻 R_f 反送到运算放大器的反相输入端，构成电压串联负反馈。根据"虚断"与"虚短"的概念，有 $U_i = U_+ = U_-$ ，$i_- = i_+ = 0$；则得 $U_o = (R_f/R_1)U_i + U_i$。

同相比例放大电路的闭环电压放大倍数：

$$A_{uf} = 1 + \frac{R_f}{R_1}$$

若 $R_1 = \infty$ 或 $R_f = 0$ ，则电压放大倍数 $A_{uf} = 1$，$U_o = U_i$，即为电压跟随器。

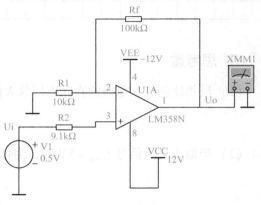

图 3-38　同相比例放大电路

同相比例放大电路的特点：

（1）输入电阻 $R_i = \infty$，即同相比例放大器不需要向信号源索取电流，这一点反相比例放大器是做不到的。

（2）同相比例放大器电压放大倍数从绝对值来讲，比反相比例放大器放大倍数大1。

有时为了使同相比例放大器与反相比例放大器的倍数一致，可采用如图 3-39 所示电路。因为运算放大器同相输入端的电压并不直接是 U_i，它已经变成：

$$U_+ = U_i \frac{R_3}{R_2 + R_3}$$

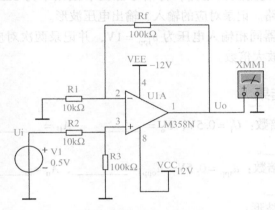

图 3-39　改良后的同相比例放大电路

当 $R_1 = R_2$ 且 $R_3 = R_f$ 时，此改良后的同相比例放大电路的闭环电压放大倍数：

$$A_{uf} = \frac{R_f}{R_1}$$

在此基础上又有差动放大器，如图 3-40 所示。不难看出，差动放大器的两个输入信号的放大倍数是一样的，只是极性相反，输出电压 $U_o = (U_{i1} - U_{i2}) \frac{R_f}{R_1}$。

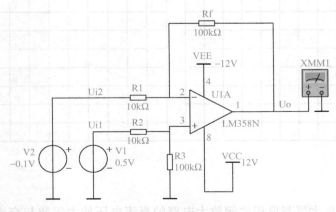

图 3-40　差动放大器

3. 实验内容与步骤

同相比例放大器

(1) 在 Multisim 10 仿真软件电路窗口建立如图 3-38 所示的电路并保存。

(2) 将直流电源调至 ±12V，按直流放大电路连接好电源。

(3) 调节 V_1 输出电压，改变运算放大器同相输入电压 U_i 为 0.5 或 -0.5V，记录对应的输出电压，并计算两次直流电压放大倍数。

(4) 将电路改接成交流放大电路，将信号源调节至频率为 1kHz、电压峰峰值 $U_{PP} = 500mV$ 的正弦波接入电路。记录对应的输入、输出电压波形。

(5) 改变运算放大器同相输入电压为 $u_{ipp} = 1V$，并记录两次对应的输入、输出电压波形，计算两次交流电压放大倍数。

4. 实验数据与结果

(1) 直流电压放大倍数：$U_i = 0.5V$，$U_o = $ _____ ，$A_U = $ _____ ；$U_i = -0.5V$，$U_o = $ _____ ，$A_U = $ _____ 。

(2) 交流电压放大倍数：$u_{ipp} = 0.5V$，$u_{opp} = $ _____ ，$A_u = $ _____ ；$u_{ipp} = 1V$，$u_{opp} = $ _____ ，$A_u = $ _____ 。

(3) 输入输出电压波形：

　　$u_{ipp} = 0.5V$ 输入输出波形　　　　　　　　　　$u_{ipp} = 1V$ 输入输出波形

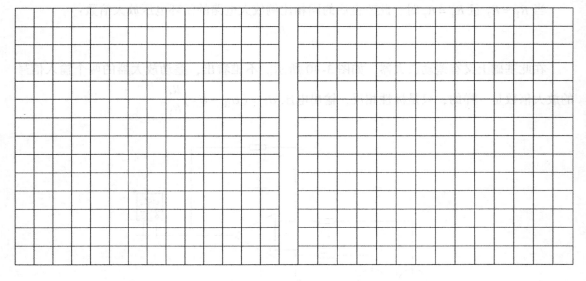

5. 思考题

(1) 同相比例放大器与反相比例放大电路的直流电压放大倍数与交流电压放大倍数一样吗？

（2）试测量差动放大器的参数，验证一下差动放大器的功能。

（3）有一种运算放大器输出电压最大值接近电源电压，可以采用。把运算放大器改为 OPA335，电路仿真原理图如图 3-41 所示。在软件里完成仿真，看看效果有什么不同？

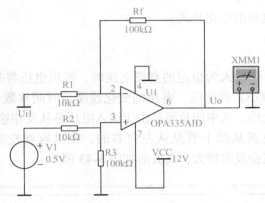

图 3-41　单电源轨到轨同相比例放大电路

1. 实验目的

（1）掌握运算放大器的积分电路的形式。

（2）通过实验理解运算放大器组成的积分电路与 RC 积分电路的差别。

（3）掌握运算放大器组成的积分电路的计算方法。

2. 实验原理

图 3-42 所示为积分电路，也称为"积分器"，电路的输出电压与输入电压对时间的积分成正比，因此称为积分器。

在电气自动控制系统的实际电路中，通常积分器的输入信号是一个直流电压，当输入电压为直流电压 U_i 时，积分运算成为乘法运算，积分器的输出将是一个随着时间线性变化的斜坡函数。

由于反相输入端为虚地，因此电阻 R 上的电压就是输入电压 U_i，电容 C 上的电压 U_C 就是输出电压 u_o。

当输入为恒定的直流电压 U_i 时，输入电流也是一个

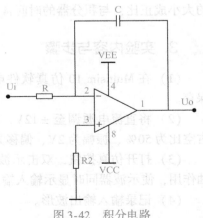

图 3-42　积分电路

恒定的直流电流，其大小为：$I = U_i/R$。

由于运算放大器的净输入电流为0，这一电流将全部通过电容 C 对电容进行充放电。用恒定电流对电容充放电时，由于电流值是一个常数，说明单位时间内充放电到电容上的电荷量 Q 也是一个常数，所以说电容上的电荷量是随着时间线性变化的。又因为电容上的电压是与电荷量成正比的（$U = \dfrac{Q}{C}$），所以电容上的电压（即输出电压）也是随时间线性变化的。由此推导此时输出电压的变化公式。

$$u_o = -\frac{U_i}{RC}t + u_o(0)$$

上式的物理意义为：当输入为恒定的直流电压时，输出电压将是一个在 $u_o(0)$ 的基础上随时间线性增大（或减小）的电压，电压的变化速度与时间常数 RC 有关，时间常数 RC 大则变化慢，反之则变化快。式中的负号是由于输入电压是从反相输入端输入的缘故。当输入电压为正值时，输入电流从图上看是从左向右的，在电容器左端的电位为0V（虚地）时，电容器右端的电位就会反向增大，其波形如图3-43所示。

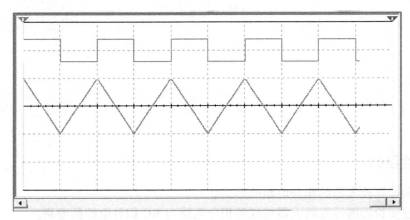

图3-43　积分电路输入输出波形

由此可见，积分器的输入输出关系：输入电压为正时，输出电压下降；输入电压为负时，输出电压上升；输入电压为零时，输出电压维持不变。输出电压的变化速度与输入电压的大小成正比，与积分器的时间常数成反比。

3. 实验内容与步骤

（1）在 Multisim 10 仿真软件电路窗口建立如图3-44所示电路并保存。

积分电路

（2）将直流电源调至 ±12V，将信号发生器设置为频率为100Hz、占空比为50%、振幅为2V、偏移为0V的方波。

（3）打开仿真按钮，双击示波器面板，将 B 通道设置为交流耦合。合理调节 X 轴、Y 轴作用，使示波器同时显示输入输出波形。

（4）记录输入输出波形。

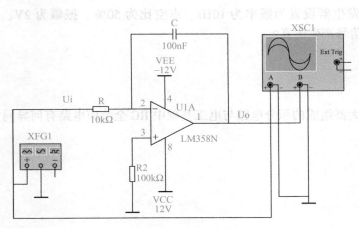

图 3-44　积分仿真电路

（5）将信号源频率调至 1kHz，其余参数保持不变接入电路。重复（3）、（4）两步。

（6）关闭仿真，结束实验。

4. 实验数据与结果

输入输出电压波形。

输入频率为 100Hz 信号时的输入输出波形：　　　　　　输入频率为 1kHz 信号时的输入输出波形：

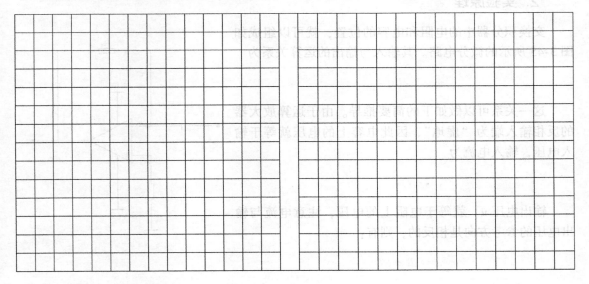

5. 思考题

（1）为什么测量输出信号时，示波器要设置在交流耦合档位？

（2）将信号发生器设置为频率为 10Hz、占空比为 50% 、振幅为 2V、偏移为 0V 的方波，为什么输出信号产生失真？

（3）运算放大器组成的积分电路与电工基础中 RC 全响应电路有何异同？

3.14　微分电路性能测试

1. 实验目的

（1）掌握运算放大器的微分电路的形式。
（2）通过实验理解运算放大器组成的积分电路与微分电路的差别。
（3）掌握运算放大器组成的微分电路的作用。

2. 实验原理

交换积分器中的电阻和电容的位置，就可以组成如图 3-45 所示的微分电路。其输入与输出的运算关系为

$$u_o = -RC\frac{du_i}{dt}$$

这一关系可以做如下的简要推导。由于运算放大器的反相输入端为"虚地"，因此电容上的电压就等于输入电压，输入电流为

$$i = C\frac{\Delta u_i}{\Delta t}$$

输出电压 u_o 就等于电阻上的电压，注意电流与输出电压的参考方向是相反的，则有：

$$u_o = -iR = RC\frac{\Delta u_i}{\Delta t}$$

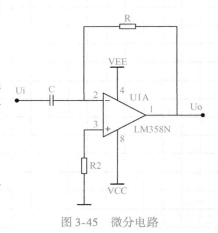

图 3-45　微分电路

在高等数学中，把 Δt 趋向于 0 时，Δu_i 的极限称为微分，Δt 趋向于 0 时，变化率 $\frac{\Delta u_i}{\Delta t}$ 的极限称为电压对时间的导数，用符号 $\frac{du_i}{dt}$ 表示，由此就可以得出上述公式。

上式的物理意义是：微分电路输出电压的大小与输入电压的变化率成正比，输入电压变化越快，输出电压就越大，输入电压变化越慢，则输出电压就越小，输入电压如无变化就没有输出电压。而且输出电压的极性与输入电压的变化方向有关，输入电压增大或减小时，输出电压

的极性是不同的。因此，微分电路在电子技术中主要用来检测某一物理量的变化程度与变化方向。在自动控制系统中，微分器常常用来组成微分负反馈环节，把控制系统输出量的变化速度与极性反馈回输入端，以抑制控制系统输出量的振荡或过快变化，使得系统保持稳定。

微分电路的输入输出电压波形如图 3-46 所示。

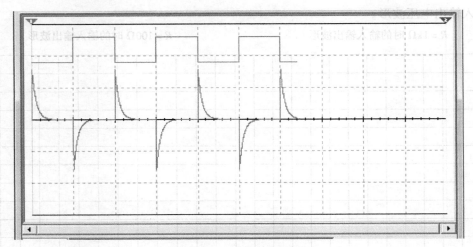

图 3-46　微分电路输入输出波形

3. 实验内容与步骤

（1）在 Multisim 10 仿真软件电路窗口中建立如图 3-47 所示电路，并保存。

微分电路

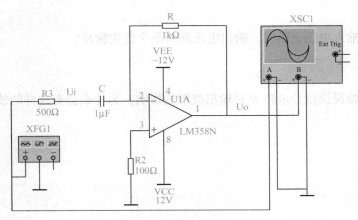

图 3-47　微分仿真电路

（2）将直流电源调至 ±12V，信号发生器设置为频率为 100Hz、占空比为 50%、振幅为 2V、偏移为 0V 的方波。

（3）为仿真电路添加一个 500Ω 信号源内阻——R_3，以克服振荡。

（4）打开仿真按钮，双击示波器面板，将 B 通道设置为交流耦合。合理调节 X 轴、Y 轴作用，使示波器同时显示输入输出波形。

（5）记录输入输出波形。

（6）将 R 设置为 100Ω，其余参数保持不变接入电路，重复（3）、（4）、（5）三步。

（7）关闭仿真，结束实验。

4. 实验数据与结果

输入输出电压波形。

$R = 1k\Omega$ 时的输入输出波形 $R = 100\Omega$ 时的输入输出波形

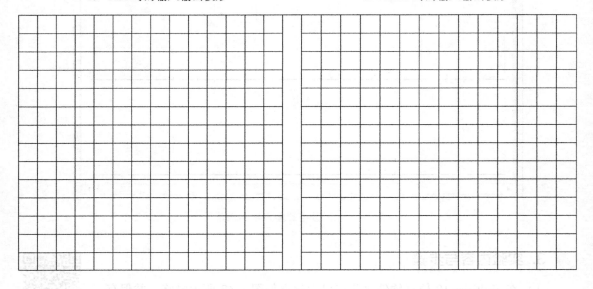

5. 思考题

（1）为什么输入电压上跳时，输出电压反而是个负尖脉冲？

（2）通过实验说说微分电阻 R 对输出波形的影响，为什么会有这样的效果？

3.15　电压比较器性能测试

1. 实验目的

（1）理解运算放大器的非线性应用。

（2）通过实验理解运算放大器开环放大的性能特点。

（3）掌握传输特性及其测量方法。

2. 实验原理

运算放大器非线性应用的典型例子——电压比较器，其电路如图 3-48 所示。运算放大器是开环使用的，运算放大器的反相输入端接输入信号 U_i，同相输入端接参考电压 U_R，由于运算放大器有极大的电压放大倍数，因此输入电压 U_i 只要略大于参考电压 U_R，那么输出端似乎就应该得到一个极大的负电压，但是由于受到运算放大器电源电压的限幅，因此输出电压 U_o 就接近于负电源电压 $-U_{cc}$；反之，如果输入电压 U_i 略小于参考电压 U_R，那么输出电压 U_o 就接近于正电源电压 $+U_{cc}$。可以看到，在

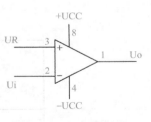

图 3-48 电压比较器

开环状态下，运算放大器的输出不是正电源电压就是负电源电压，是不可能输出正负电源电压之间的其他电压的，因此从输出端的电压值就可以很容易地判别输入端究竟是 $U_i > U_R$，还是 $U_i < U_R$，这就是电压比较器的工作原理。电路的输入、输出关系称为电路的传输特性，如图 3-49a 所示为电压比较器的传输特性曲线，图中 X 方向为输入电压，Y 方向为输出电压。

显然，如果把输入信号 U_i 与参考电压 U_R 两者交换位置，比较器也是可以工作的，只是它的传输特性颠倒了，在 $U_i > U_R$ 时输出为 $+U_{CC}$，而 $U_i < U_R$ 时输出为 $-U_{CC}$，如图 3-49b 所示。

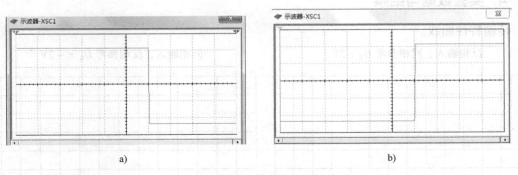

a)   b)

图 3-49 电压比较器传输特性曲线

如果电压比较器的参考电平为 0，这个比较器又可以称为"过零比较器"，电路只判别输入信号是大于零还是小于零。

电压比较器可以用做波形变换，即把输入连续变化的波形变换成矩形波，也可以用来检测某一电压是否超过了规定的数值；与传感器配合则可以用来检测某一物理量（例如温度、压力、位移等）是否超过了整定值。

3. 实验内容与步骤

（1）在 Multisim 10 软件窗口中建立如图 3-50 所示的电路，并保存。

（2）将直流电源调至 $+2V$，将交流信号调节为幅值 10V、频率为 100Hz 的正弦波。

（3）调节 V_{CC} 至 $+12V$，V_{EE} 至 $-12V$，连接好电源。

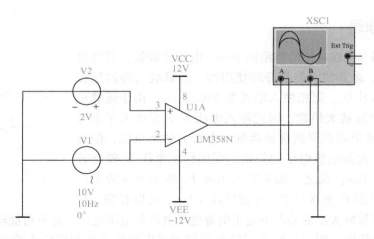

图 3-50　电压比较器仿真电路

（4）打开仿真按钮，合理设置 X、Y 轴，将功能选择在"B/A"档。

（5）记录传输特性曲线。

（6）将信号输入端对调，将参考电压设为 – 2V，重新进行仿真，观察传输特性曲线异同并记录。

4. 实验数据与结果

传输特性曲线。

反相输入、同相参考 $U_R = 2V$　　　　　　　同相输入、反相参考 $U_R = -2V$

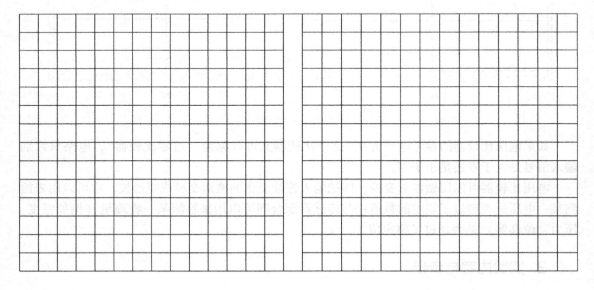

5. 思考题

由于运算放大器作为比较器使用时运算放大器的两个输入端之间存在较大的电压，为了避免损坏运算放大器，可以在两个输入端之间接上两个反并联的二极管以限制输入电压，输出电压的大小也可以用双向稳压管来达到限幅的目的，图 3-51 所示为带有输入、输出限幅电路的电压比较器，试仿真并绘制传输特性曲线。

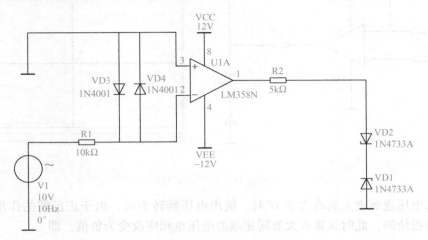

图 3-51　带输入、输出限幅的电压比较器

3.16　滞回特性比较器性能测试

1. 实验目的

（1）掌握滞回特性比较器的接线与应用。
（2）掌握滞回特性比较器翻转电压的计算。

2. 实验原理

电压比较器的传输特性在输入电压增大与减小时，对应翻转点的输入电压是相同的，都是比较电压 U_R，这样的电路如果用于波形变换电路，会产生一个缺点：输入电压在参考电压附近如有微小的波动（例如干扰引起的波动），则输出电压就会不断翻转，电路的抗干扰性能较差。为了解决这一问题，可以采用滞回特性比较器。

图 3-52a 所示的电路就是滞回特性比较器，它是由电压比较器加上正反馈得到的，其传输特性曲线如图 3-52b 所示，可以看到它与电压比较器的传输特性曲线有着明显的区别：当输入电压增大与减小时，翻转点的电压是不一样的。

具体情况分析如下：设 $U_R = 0\mathrm{V}$，双向稳压管的稳定电压为 U_Z，当输入电压为绝对值较大的负值时，输出电压应为 $+U_Z$，对应此时运算放大器同相端的电压（即翻转电压）应为

$$U' = U_Z \frac{R_1}{R_1 + R_4}$$

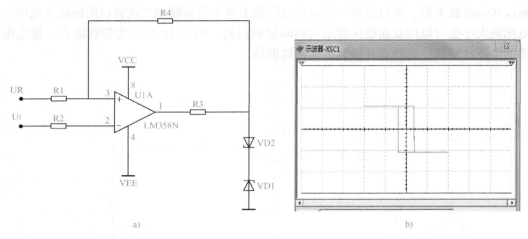

a)   b)

图 3-52   滞回特性比较器及其传输特性曲线

当输入电压逐渐增大到略大于 U' 时，输出电压翻转为负，由于正反馈的作用，这一翻转的过程是很快的，此时运算放大器同相端的电压也相应改变为负值，即

$$U'' = -U_Z\frac{R_1}{R_1 + R_4}$$

在输出翻转之后，如果输入电压减小到比原来的翻转电压 U' 略小一些，由于同相端的翻转电压已经变为负值（U''），因此电路不可能再次翻转。这一情况一直要维持到输入电压减小到比 U'' 略小一些之后，才会再次翻转，情况如图 3-52b 的传输特性曲线所示。显然，如果用这样的电路来实现波形的变换，输入电压在大于 U' 使得输出翻转之后，即使有些波动，只要电压不小于 U''，电路是不会再次发生翻转的，这就大大地提高了电路的抗干扰能力。

3. 实验内容与步骤

（1）在 Multisim 10 软件电路窗口中建立如图 3-53 所示电路，并保存。

滞回特性比较器

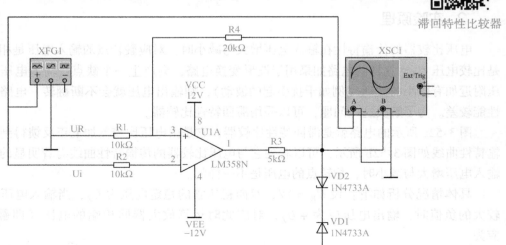

图 3-53   滞回特性比较器仿真连接

（2）将直流电源调至±12V，连接好信号发生器及示波器。

（3）调节信号发生器输出为10Hz、振幅为10V、偏移为0V的正弦波信号。

（4）单击"仿真"按钮开始仿真，合理调节示波器档位，显示输入波形、输出波形及传输特性曲线。

（5）记录实验波形。

（6）关闭仿真，结束实验。

4. 实验数据与结果

（1）输入输出电压波形。

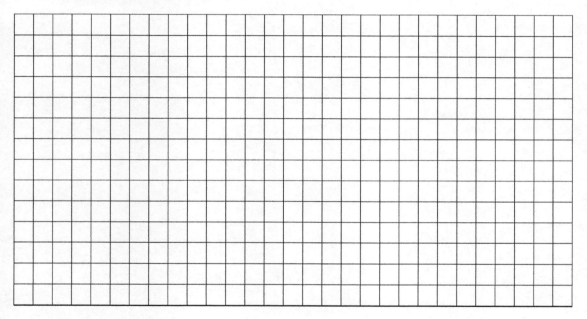

（2）传输特性曲线：

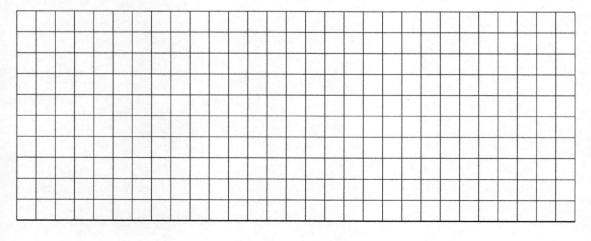

5. 思考题

（1）滞回特性比较器如图3-53所示，设 $R_1 = 10\text{k}\Omega$，$R_4 = 10\text{k}\Omega$，$U_R = 0$ V，试求翻转电压 U' 及 U''。

（2）如果 $U_R = 3$ V，则传输特性曲线有何变化？试画出传输特性曲线。

第4章

数字电路仿真实验

1. 实验目的

（1）熟悉与门、与非门的逻辑功能，得到其真值表。

（2）知道 TTL 和 CMOS 系列逻辑门电路输出高电平、低电平的电压值。

（3）学会用逻辑分析仪测试与非门的时序波形图。

2. 实验原理

集成逻辑门电路有两大类型——CMOS 和 TTL 系列。工作于正逻辑状态时，定义高电平为逻辑状态 1，低电平为逻辑状态 0。这两大系列输出高、低电平的电压值各不相同。若均采用 +5V 电源电压时，CMOS 系列输出逻辑状态 1 和 0 的电压分别近于 5V 和 0V，而 TTL 系列输出逻辑状态 1 和 0 的电压分别为 2.8V 以上和 0.2V。

逻辑门不论其输入变量 A、B、C、…，还是输出变量 W、Y、Z、…，其取值只有 1 和 0，而基本逻辑运算为"与""或""非"。

（1）"与"运算用逻辑表达式来描述，可写为：

$$Y = A \cdot B$$

式中小圆点"·"表示 A、B 的与逻辑关系，称作与运算、逻辑乘。

（2）"非"运算用逻辑表达式来描述，可写为：

$$Y = \overline{A}$$

而"与非"运算是"与"运算和"非"运算的组合；

数字电路功能可以用三种方法描述——逻辑表达式、电路图、波形图。

图 4-1 所示为与门逻辑功能测试仿真电路图。

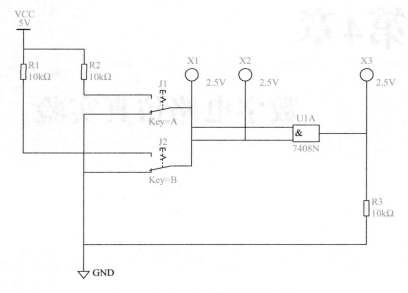

图 4-1 与门逻辑功能测试仿真电路

图 4-2 所示为与门逻辑功能测试仿真电路及逻辑转换仪面板图。

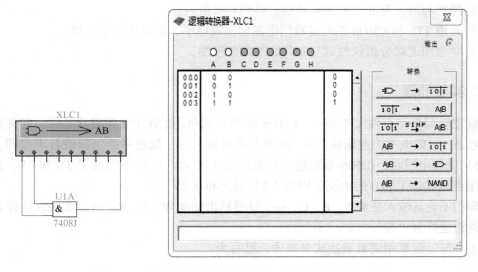

图 4-2 与门逻辑功能测试仿真电路及逻辑转换仪面板

图 4-3 所示为与非门逻辑功能测试仿真电路图。

图 4-4 所示为与非门逻辑功能测试仿真电路及逻辑转换仪面板图。

图 4-5 所示为虚拟仪器测试与非门输入、输出信号波形仿真电路。

图 4-6 所示为字发生器面板图。

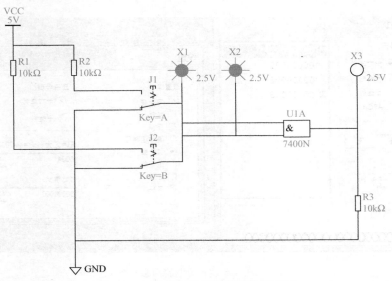

图 4-3 与非门逻辑功能测试仿真电路

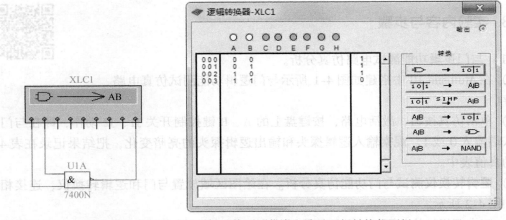

图 4-4 与非门逻辑功能测试仿真电路及逻辑转换仪面板

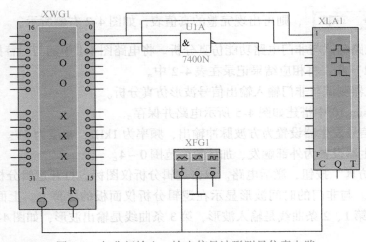

图 4-5 与非门输入、输出信号波形测量仿真电路

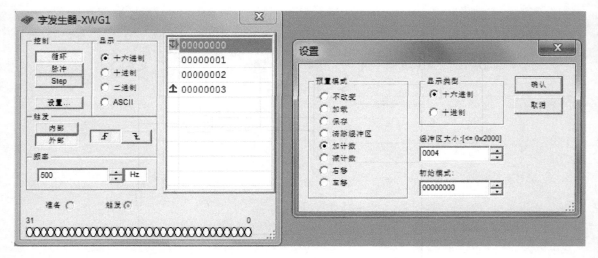

图4-6　字发生器面板

3. 实验内容与步骤

基本逻辑门电路
功能测试

（1）与门逻辑功能测试电路仿真分析。

1）在 Multisim 10 中搭建如图 4-1 所示与门逻辑功能测试仿真电路
并保存。

2）单击仿真按钮，激活电路，按键盘上的 A、B 键控制开关 J1、J2 动作，即在与门电路输入端输入 0 或 1。观察输入逻辑探头和输出逻辑探头的亮暗变化，把结果记录在表 4-1 与门的真值表中。

3）逻辑转换仪测试与门功能仿真分析。在绘图区域放置与门和逻辑转换仪，连接相关连线如图 4-2 所示。

4）双击逻辑转换仪图标，打开逻辑转换仪面板，单击右侧上部的原理图到真值表转换

按钮 ，则可出现完整的真值表，如图 4-2 右侧所示。

（2）逻辑电路测试与非门电路功能仿真分析。将电路图 4-1 中的与门替换成与非门，重复上述（1）、（2）步，将相应结果记录在表 4-2 中。

（3）虚拟仪器测试与非门输入输出信号波形仿真分析。

1）在 Multisim 10 中搭建如图 4-5 所示电路并保存。

2）将函数信号发生器设置为方波脉冲输出，频率为 1kHz，幅度为 5V。

3）将字发生器设置为外部触发、加计数、范围 0～4。

4）单击"仿真"按钮，激活电路。双击逻辑分析仪图标，打开逻辑分析仪面板，将时钟源选择为外部。与非门的时间波形显示在逻辑分析仪面板的屏幕上。上面有三条波形曲线，从上往下数第 1、2 条曲线是输入波形，第 3 条曲线是输出波形，如图 4-7 所示。

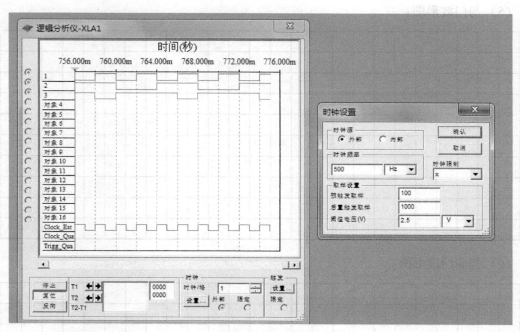

图 4-7 与非门输入、输出波形

4. 实验数据与结果

（1）与门功能的逻辑表达式：_____。

（2）与门真值表及输出电压记录见表 4-1。

表 4-1 与门真值表及输出电压记录

输入 A	输入 B	输出 Y	输出电压/V

（3）与非门功能的逻辑表达式：_____。

（4）与非门真值表及输出电压记录见表 4-2。

表 4-2 与非门真值表及输出电压记录

输入 A	输入 B	输出 Y	输出电压/V

（5）与门波形图：

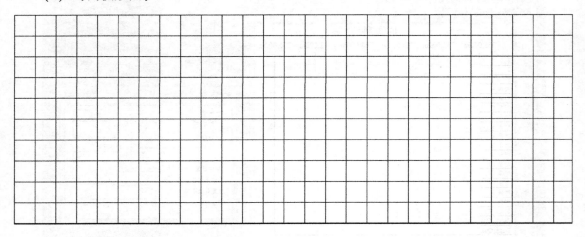

（6）与非门波形图：

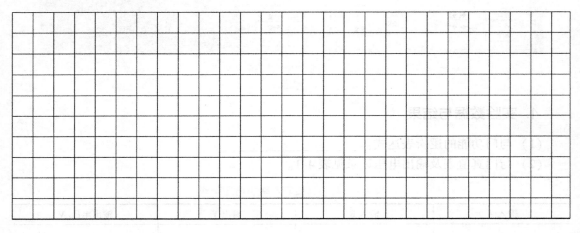

5. 思考题

（1）描述数字电路功能有哪三种方法？

（2）将元件换成 CMOS 与门、与非门重复本实验。

4.2 编码器电路功能测试

1. 实验目的

（1）通过用 4532BP 优先编码器功能表测试其逻辑功能，学会读功能表各引脚功能并学会使用集成器件。

（2）理解优先编码器优先编码的含义。

（3）理解 4532BP 优先编码器 EI、GS、EO 引脚的控制作用。

（4）理解 4532BP 优先编码器编码输入 I_i 与编码输出 Y_{02}、Y_{01}、Y_{00} 数值的关系。

2. 实验原理

将具有特定意义的信息编写成相应的二进制代码的过程称为编码。实现编码功能的器件称为编码器。常用的编码器可分为普通编码器和优先编码器两类。普通编码器任何时刻只允许输入一个编码信号，否则输出将出现逻辑混乱，因此输入信号之间是相互排斥的。优先编码器则不同，允许多个信号同时输入。电路会依照优先级别对其中优先级别最高的信号进行编码，无视优先级别低的信号，至于优先级别的高低则完全由设计人员根据实际情况来选定。

对应一般的编码器，输出为 n 位二进制编码时，共有 2^n 种不同的输入组合。

（1）实验电路。4532BP 优先编码器为 16 引脚集成芯片，图 4-8 所示为其逻辑符号，实物器件的 16 脚 V_{DD} 为电源，8 脚接地。

（2）工作原理。4532BP 为 8 线 – 3 线优先编码器，其内部均由门电路组成，其输出逻辑状态随输入逻辑状态而变，均可用功能表来表示每一引脚功能。4532BP 的真值表如图 4-9 所示，可以通过双击放置在电路图中的

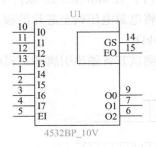

图 4-8 4532BP 优先编码器逻辑符号

4532BP 图形符号，在弹出的属性对话框中单击右下角的"info"（信息）按钮得到。4532BP 优先编码器要求输入编码引脚为 $I_7 \sim I_0$，其编码优先权最高为 I_7，最低为 I_0，相应编码输出为 Y_{02}、Y_{01}、Y_{00}，这也就是优先编码的含义，即用 Y_{02}、Y_{01}、Y_{00} 三位二进制代码表示优先 I_i 的特定信息。

现在介绍如何读功能表中各引脚的逻辑功能。一般集成组合逻辑器件均设有使能端引脚，器件能否工作取决于 EI 作用。对芯片而言，EI 的优先权级别最高（并非编码优先权），即如表 4-3 中序号 1 所列，EI 为 0 时禁止工作；在序号 2 ~ 10，EI = 1 为允许工作。而在序号 2 中 $I_7 \sim I_0$ 全为 0，没有要求编码输入。上述两种情况下，Y_{02}、Y_{01}、Y_{00} 均为 000 状态。当要求编码输入时，$I_7 = 1$ 编码优先权最高，而 $I_6 \sim I_0$ 不论何种状态均不能编码。所谓优先

	输入								输出				
EI	I_0	I_1	I_2	I_3	I_4	I_5	I_6	I_7	GS	Y_{02}	Y_{01}	Y_{00}	EO
0	×	×	×	×	×	×	×	×	0	0	0	0	0
1	0	0	0	0	0	0	0	0	0	0	0	0	1
1	1	×	×	×	×	×	×	×	1	1	1	1	0
1	0	1	×	×	×	×	×	×	1	1	1	0	0
1	0	0	1	×	×	×	×	×	1	1	0	1	0
1	0	0	0	1	×	×	×	×	1	1	0	0	0
1	0	0	0	0	1	×	×	×	1	0	1	1	0
1	0	0	0	0	0	1	×	×	1	0	1	0	0
1	0	0	0	0	0	0	1	×	1	0	0	1	0
1	0	0	0	0	0	0	0	1	1	0	0	0	0

图 4-9 4532BP 优先编码器真值表

权，是指其他在 I_{i+1} 之前无要求编码，即均为 0 时，才能轮到本位 $I_i=1$ 可编码，而比 I_i 位低的输入无效。

最后介绍输出 GS 和 EO 两个引脚的功能。从 GS 状态分析，由序号 1 和 2 看出，在禁止编码和无要求编码时，GS 为 0，这时表明 Y_{02}、Y_{01}、Y_{00} 为 000，输出无效码；而 GS =1 时，则 Y_{02}、Y_{01}、Y_{00} 输出有效码。而 EO 仅在序号 2 时为 1，其余为 0，这主要用于级联控制低位芯片的 EI，即在本位片无要求编码时 EO =1，才能级联到低位片，使其 EI =1 允许低位芯片工作。

3. 实验内容与步骤

（1）在 Multisim 10 软件中搭建如图 4-10 所示 4532BP 优先编码器功能验证电路并保存。注意将电源电压调至芯片的额定电压 10V，将指示灯的电压调节到 5V，将排阻的阻值调节至 10kΩ。

测试其各输出引脚的逻辑状态。

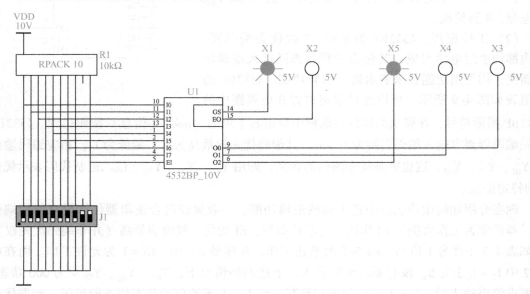

图 4-10 4532BP 优先编码器功能验证电路

（2）单击"仿真"按钮，开始仿真。按表 4-3 所列各输入引脚的状
态，设置开关，使输入信号符合测试要求。观察 4532BP 的 10 种输出状
态，并记录于表 4-3 中，若电平指示灯"亮"即表示为 1 状态，"灭"表
示为 0 状态。

4532 优先编码器
功能验证

4. 实验数据与结果

4532BP 优先编码器功能验证记录见表 4-3。

表 4-3　4532BP 优先编码器功能验证记录

序号	输　入									输　出				
	EI	I_7	I_6	I_5	I_4	I_3	I_2	I_1	I_0	Y_{02}	Y_{01}	Y_{00}	GS	EO
1	0	×	×	×	×	×	×	×	×					
2	1	0	0	0	0	0	0	0	0					
3	1	1	×	×	×	×	×	×	×					
4	1	0	1	×	×	×	×	×	×					
5	1	0	0	1	×	×	×	×	×					
6	1	0	0	0	1	×	×	×	×					
7	1	0	0	0	0	1	×	×	×					
8	1	0	0	0	0	0	1	×	×					
9	1	0	0	0	0	0	0	1	×					
10	1	0	0	0	0	0	0	0	1					

5. 思考题

（1）叙述编码器和优先编码器逻辑功能的含义。

（2）在器件库中取出 74LS147 集成电路，用类似方法测试电路，绘制真值表，总结电路功能。

4.3　译码器功能测试

1. 实验目的

（1）熟悉二进制译码器的含义及其逻辑功能。

（2）读懂 74LS138 3 线–8 线译码器的逻辑功能表，并掌握各引脚功能。

（3）掌握 74LS138 的正确使用方法、输入与输出的逻辑规律。

2. 实验原理

译码是编码的逆过程，译码器的作用是将输入的二进制代码转换成与代码对应的输出信号。

如果译码器输入的是 n 位二进制代码，则输出的端子数 $N \leqslant 2^n$。$N = 2^n$ 称为完全译码，$N < 2^n$ 称为部分译码。

74LS138 是常用的 3 线-8 线译码器，图 4-11 所示为 74LS138 的逻辑符号图，其电源引脚 16 脚接 5V，8 脚接地。

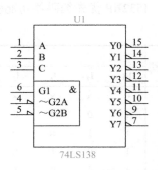

从图 4-11 可知其输入为 3 位二进制代码 C、B、A，共有 8 种组合，为 000 ~ 111，当某一组代码输入（又称地址码）时可相应译出某一个有效低电平信号 $\overline{Y}_i$ 输出，因此 8 个地址码相应共有 $\overline{Y}_7 \sim \overline{Y}_0$ 8 个信号输出，其下标十进制数与地址码十进制数存在对应关系，所以称为 3 线-8 线二进制译码器。另外 3 线-8 线译码器还有 3 个使能控制端 G1、G2A、G2B，从逻辑符号可知，只有 G1 = 1、G2A = 0、G2B = 0 同时满足才能工作，否则不能进行译码。二进制译码器又称地址码译码器，在半导体存储器中为基本电路。

图 4-11　3 线-8 线二进制译码器逻辑符号图

74LS138 3 线-8 线译码器的真值表如图 4-12 所示，可以通过双击放置在电路图中的 74LS138 图形符号，在弹出的属性对话框中单击右下角的"info"（信息）按钮得到该真值表。

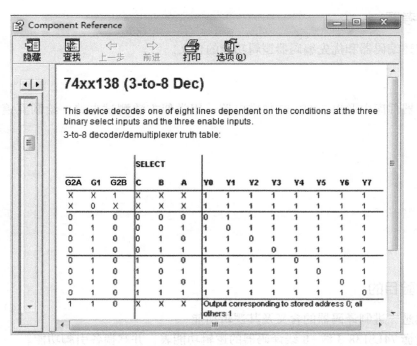

图 4-12　74LS138 3 线-8 线译码器真值表

译码器功能测试

3. 实验内容与步骤

（1）在 Multisim 10 软件中搭建如图 4-13 所示 74LS138 译码器功能验证电路并保存。注意将电源电压调至芯片的额定电压 5V。

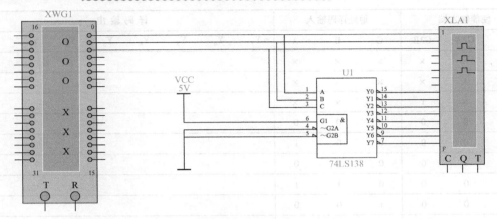

图 4-13 74LS138 译码器功能验证电路

（2）单击"仿真"按钮，开始仿真。将字发生器的控制范围设定为 0~8 加计数循环，将"触发"设置为"内部"，将"频率"设置为 500Hz。

（3）将逻辑分析仪的时钟频率设置为 500Hz，将时钟设置为 2 时钟/格。观察 74LS138 的 8 个输出引脚状态，并记录于表 4-4 中，若输出高电平即表示为 1 状态，输出低电平表示为 0 状态。逻辑分析仪显示的仿真结果如图 4-14 所示。

（4）测试完毕后，单击"停止"按钮停止仿真。

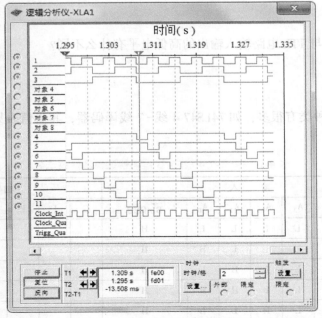

图 4-14 74LS138 3 线-8 线译码器输入输出波形图

4. 实验数据与结果

74LS138 3 线–8 线译码器功能验证数据记录见表4-4。

表 4-4　74LS138 3 线–8 线译码器功能验证数据记录

使能输入端			地址译码输入			译 码 输 出							
G1	G2A	G2B	C	B	A	Y_7	Y_6	Y_5	Y_4	Y_3	Y_2	Y_1	Y_0
0	×	×	×	×	×								
×	1	×	×	×	×								
×	×	1	×	×	×								
1	0	0	0	0	0								
1	0	0	0	0	1								
1	0	0	0	1	0								
1	0	0	0	1	1								
1	0	0	1	0	0								
1	0	0	1	0	1								
1	0	0	1	1	0								
1	0	0	1	1	1								

5. 思考题

（1）叙述译码器逻辑功能的含义。

（2）MOS 电路与 TTL 电路输入输出的高低电平有什么不同？

（3）译码器的种类有很多，如 74LS47 4 线–7 线译码器，其真值表见表4-5，分析它主要有什么作用？

表 4-5　74LS47 4 线–7 线译码器逻辑功能测试表

功能	输　入							输　出						
	$\overline{LT}$	$\overline{RBI}$	A_3	A_2	A_1	A_0	$\overline{BI}/RBO$	G	F	E	D	C	B	A
0	H	H	L	L	L	L	H							
1	H	×	L	L	L	H	H							
2	H	×	L	L	H	L	H							
3	H	×	L	L	H	H	H							
4	H	×	L	H	L	L	H							

（续）

功能	输　入						输　出						
	$\overline{LT}$	$\overline{RBI}$	A_3	A_2	A_1	A_0	$\overline{BI}/RBO$	G	F	E	D	C	B	A
5	H	×	L	H	L	H	H						
6	H	×	L	H	H	L	H						
7	H	×	L	H	H	H	H						
8	H	×	H	L	L	L	H						
9	H	×	H	L	L	H	H						
10	H	×	H	L	H	L	H						
11	H	×	H	L	H	H	H						
12	H	×	H	H	L	L	H						
13	H	×	H	H	L	H	H						
14	H	×	H	H	H	L	H						
15	H	×	H	H	H	H	H						
$\overline{BI}$	×	×	×	×	×	×	L						
$\overline{RBI}$	H	L	L	L	L	L	L						
$\overline{LT}$	L	×	×	×	×	×	H						

4.4　基本 RS 触发器功能测试

1. 实验目的

（1）通过仿真实验，熟悉 RS 触发器的逻辑功能。

（2）通过实验了解触发器的特点。

（3）加深对与非门功能的认识。

2. 实验原理

触发器具有两个稳定状态，用以表示逻辑状态"1"和"0"，在一定的外界信号作用下，可以从一个稳定状态翻转到另一个稳定状态。

触发器是一个具有记忆功能的二进制信息存储器件，是构成各种时序电路的最基本的逻辑单元。常见触发器主要有 RS 触发器、同步 RS 触发器、JK 触发器、D 触发器、T 触发器等。触发器应用广泛，可以构成移位寄存器、计数器、多谐振荡器等实用电路。本实验的重点是掌握基本 RS 触发器的组成以及数据锁存原理。基本 RS 触发器是构成其他触发器的基础。

图 4-15 所示为由两个与非门交叉耦合构成的基本 RS 触发器，它是可以由低电平直接触发的触发器。基本 RS 触发器具有"置0"、"置1"和"保持"三种状态。

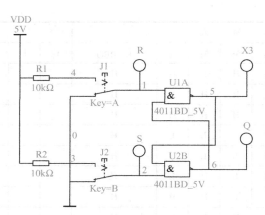

图 4-15　基本 RS 触发器功能测试原理图

通常 S 端称为"置 1"端，因为 S = 0、R = 1 时，触发器 Q 端被"置 1"；R 端称为"置 0"端，因为 R = 0、S = 1 时，触发器 Q 端被复位为"0"；当 S = R = 1 时，触发器处于保持状态；当 S = R = 0 时，触发器 Q = 1、$\overline{Q}$ = 1，满足不了 Q 与 $\overline{Q}$ 永远互补的前提条件，属于状态不定，应避免此种情况发生。表 4-6 为基本 RS 触发器的功能表。

表 4-6　基本 RS 触发器功能表

测 试 条 件			输　　出		逻 辑 功 能
R	S	Q_n	Q_{n+1}	$\overline{Q_{n+1}}$	
0	0	0	1	1	不定状态，应避免
0	0	1	1	1	
0	1	0	0	1	置0
0	1	1	0	1	
1	0	0	1	0	置1
1	0	1	1	0	
1	1	0	0	1	保持
1	1	1	1	0	

由于由与非门构成的基本 RS 触发器在 S = R = 0 时输出为不定状态，所以对于它的使用有一个约束条件，即 R + S = 1，这个表达式也称为约束方程。

另外，也可以用两个"或非门"组成 RS 触发器，此时为高电平触发。

3. 实验内容与步骤

在 Multisim 10 中用与非门搭建如图 4-16 所示基本 RS 触发器电路（TTL 或 MOS 器件均可）并保存。如果是 MOS 电路，注意将电源电压调至芯片的额定电压。

RS 触发器

仿真时，按 A 键或 B 键使 J1、J2 开关按图 4-16 进行变化，验证 RS 触发器功能。注意观察 R = S = 1 时，被保持的信号是否是想要保持的信号。将测试结果记录在表 4-7 中。

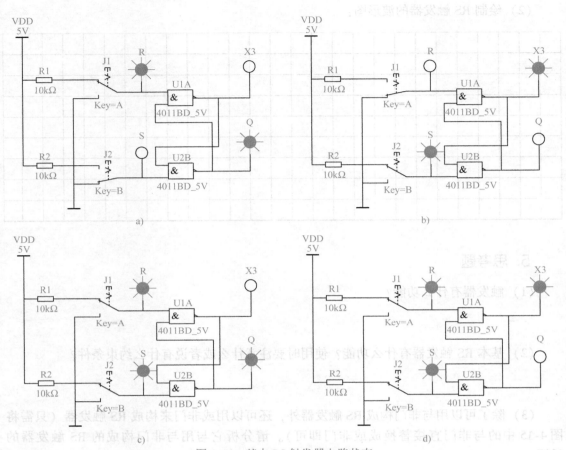

图 4-16　基本 RS 触发器电路状态
a) 置1　b) 置0　c) 保持　d) 保持

4. 实验数据与结果

（1）完成基本 RS 触发器功能测试记录见表4-7。

表 4-7　基本 RS 触发器功能测试记录

测 试 条 件			输　　出		逻 辑 功 能
R	S	Q_n	Q_{n+1}	$\overline{Q}_{n+1}$	
0	0	0			
0	0	1			
0	1	0			
0	1	1			
1	0	0			
1	0	1			
1	1	0			
1	1	1			

（2）绘制 RS 触发器的波形图：

5. 思考题

（1）触发器有什么功能？

（2）基本 RS 触发器有什么功能？使用时要注意什么或者说有什么约束条件？

（3）除了可以用与非门构成 RS 触发器外，还可以用或非门来构成 RS 触发器（只需将图 4-15 中的与非门直接替换成或非门即可）。请分析它与用与非门构成的 RS 触发器的异同。

4.5　D 触发器功能测试

1. 实验目的

（1）通过实验熟悉 D 触发器的功能。
（2）了解时钟脉冲的作用。
（3）了解二进制加法计数器的工作过程。

2. 实验原理

（1）D 触发器简介。D 触发器能在触发脉冲边沿到来瞬间，将输入端 D 的信号存入触发器，由 Q 端输出。触发脉冲消失，输出保持不变，所以 D 触发器又称为 D 锁存器。

CD4013 是常用的 D 触发器，内含两个由上升沿触发的 D 触发器。图 4-17 给出了 4013 其中一个 D 触发器的原理图符号。4013 的每个 D 触发器除了具有输入端 D，脉冲控制端 CP，输出端 O、~O（即 $\overline{O}$）以外，还有直接置位端 SD，直接复位端 CD。直接置位端 SD 与直接复位端 CD 都是高电平有效。

在仿真电路中，可以通过双击放置在电路图中的 4013 图形符号，在弹出的属性对话框中单击右下角的"info"（信息）按钮得到 4013 的功能表，如图 4-18 所示。

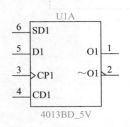

D-type positive edge-triggered flip-flop truth table:

SD	CD	CP	D	O	$\overline{O}$
1	0	×	×	1	0
0	1	×	×	0	1
1	1	×	×	1	1
0	0	·	0	0	1
0	0	·	1	1	0

·=positive edge-triggered

图 4-17　4013 中一个 D 触发器的原理图符号　　　　图 4-18　D 触发器的逻辑功能表

（2）二进制加法计数器。本实验采用的二进制加法计数器电路如图 4-19 所示，电路由两级相同的 D 触发器组成，每一级都将输出的 ~O 信号倒送回输入端 D，这样只要来一个脉冲，输出就会取反一次。第一级的输出 ~O 又作为第二级的控制脉冲，这样就构成一个二进制的加法计数器。X1 是输出的高位，X0 是输出的低位。在信号源的时钟脉冲作用下，电路的输出 X1X0 会以二进制加法的规律变化。

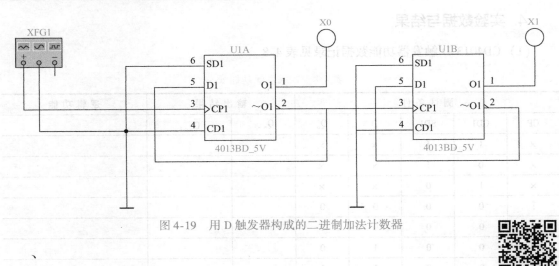

图 4-19　用 D 触发器构成的二进制加法计数器

D 触发器

、

3. 实验内容与步骤

（1）在 Multisim 10 软件搭建如图 4-20 所示 CD4013 D 触发器功能测试电路并保存。注意将电源电压调至芯片的额定电压 5V。

单击"仿真"按钮，开始仿真。按表 4-8 的测试条件，拨动 J1 开关，逐条测试电路功能，并记录相应结果。

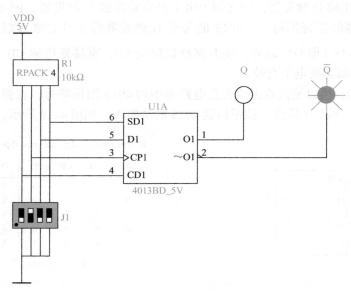

图 4-20　4013 D 触发器功能测试电路

（2）D 触发器的简单应用——二进制加法计数器。

在 Multisim 10 仿真环境中搭建如图 4-19 所示二进制加法计数器电路并保存。将信号发生器的输出频率调成 1Hz、电压峰值为 5V 的方波。

单击仿真按钮开始仿真，记录输出的变化规律。

4．实验数据与结果

（1）CD4013 D 触发器功能数据记录见表 4-8。

表 4-8　D 触发器功能表

测试条件					输出结果		逻辑功能
CP	CD1	SD1	D	Q_n	Q_{n+1}	$\overline{Q}_{n+1}$	
×	1	1	×	×			
×	0	1	×	×			
×	1	0	×	×			
↑	0	0	0	0			
↑	0	0	0	1			
↑	0	0	1	0			
↑	0	0	1	1			
↓	0	0	0	0			
↓	0	0	0	1			
↓	0	0	1	0			
↓	0	0	1	1			

（2）CD4013 构成的二进制加法计数器波形图：

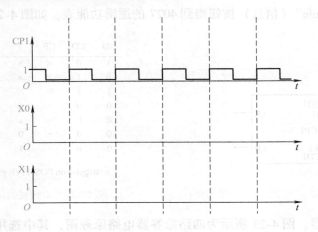

5. 思考题

（1）叙述 D 触发器的逻辑功能。

（2）将图 4-19 中 U1B 的控制脉冲 CP 改接到第一级的输出端，记录 X1、X0 状态的变化规律。

4.6　JK 触发器功能测试

1. 实验目的

（1）通过实验熟悉 JK 触发器的功能。
（2）了解时钟脉冲的作用。
（3）了解四路抢答器电路的工作过程。

2. 实验原理

（1）JK 触发器简介。JK 触发器在触发脉冲边沿到来瞬间，将依据输入端 JK 的信号改变触发器的状态，由 Q 端输出。触发脉冲消失，输出能保持不变。

CD4027 是常用的 JK 触发器，内含两个由上升沿触发的 JK 触发器。图 4-21 给出了其中一个 JK 触发器的原理图符号。4027 的每个 JK 触发器除了具有输入端 J、K，脉冲控制端 CP，输出端 Q、~Q（$\overline{Q}$）以外，还有直接置位端 SD、直接复位端 CD。直接置位端与直接复位端都是高电平有效。

在仿真电路里，可以通过双击放置在电路图中的 4027 图形符号，在弹出的属性对话框中单击右下角的"info"（信息）按钮得到 4027 的逻辑功能表，如图 4-22 所示。

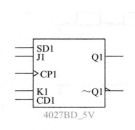

SD	CD	CP	J	K	Q	$\bar{Q}$
1	0	×	×	×	1	0
0	1	×	×	×	0	1
1	1	×	×	×	1	1
0	0	·	0	0	Hold	
0	0	·	1	0	1	0
0	0	·	0	1	0	1
0	0	·	1	1	Toggle	

·=triggers on POSITIVE pulse

图 4-21 4027 其中一个 JK 触发器原理图符号　　　图 4-22 JK 触发器的逻辑功能表

（2）四路抢答器。图 4-23 所示为四路抢答器电路原理图，其中选用 4027 为 JK 触发器核心器件。J1 为四路抢答开关，J2 为主持人的复位开关。抢答前，由主持人先操作 J2 使电

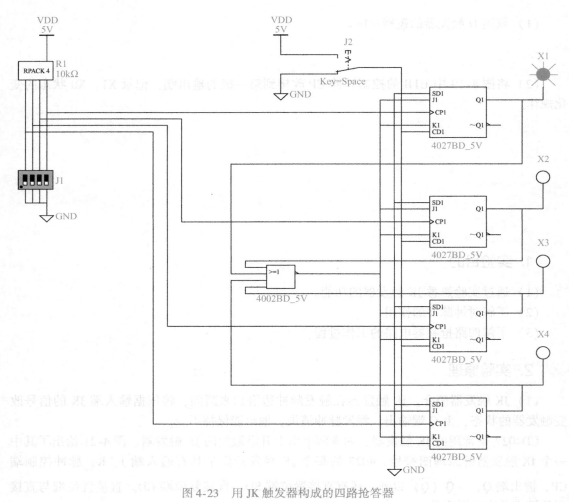

图 4-23 用 JK 触发器构成的四路抢答器

路复位，所有输出指示灯全灭。当 J1 四路开关中的任意一路抢答（为高电平时），对应的输出指示灯亮。任意一路抢答成功以后，其余几路抢答不起作用。

3. 实验内容与步骤

（1）在 Multisim 10 软件中搭建如图 4-24 所示 4027JK 触发器功能测试电路并保存。注意将电源电压调至芯片的额定电压 5V。

单击"仿真"按钮，开始仿真。按表 4-9 的测试条件，拨动 J1 开关，逐条测试电路功能，并将相应结果记录在表 4-9 中。

JK 触发器

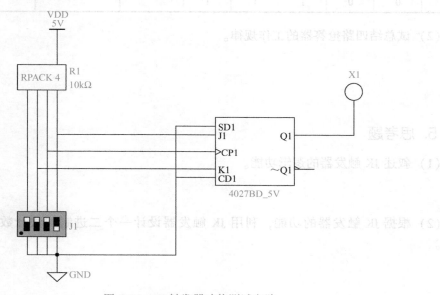

图 4-24　JK 触发器功能测试电路

（2）JK 触发器的简单应用——四路抢答器。在 Multisim 10 仿真环境中搭建如图 4-23 所示四路抢答器电路并保存。

单击"仿真"按钮进行仿真，观察并总结四路抢答器的工作规律。

4. 实验数据与结果

（1）4027 JK 触发器功能测试记录见表 4-9。

表 4-9　JK 触发器功能测试记录

测试条件						输出结果		功　能
CP	CD1	SD1	J	K	Q_n	Q_{n+1}	$\overline{Q}_n + 1$	
×	1	1	×	×				
×	0	1		×	×			
×	1	0		×	×			
↑	0	0	0	0	0			

（续）

测 试 条 件						输 出 结 果	功　　能
↑	0	0	0	0	1		
↑	0	0	0	1	0		
↑	0	0	0	1	1		
↑	0	0	1	0	0		
↑	0	0	1	0	1		
↑	0	0	1	1	0		
↑	0	0	1	1	1		

（2）试总结四路抢答器的工作规律。

5. 思考题

（1）叙述 JK 触发器的逻辑功能。

（2）根据 JK 触发器的功能，利用 JK 触发器设计一个二进制加法计数器。请画出电路图。

4.7　移位寄存器功能测试

1. 实验目的

（1）通过实验熟悉移位寄存器的工作原理。
（2）读懂 74LS194、74LS164 的真值表。
（3）通过实验掌握移位寄存器的检测方法。

2. 实验原理

集成移位寄存器 74LS194 由 4 个 RS 触发器及它们的输入控制电路组成。

74LS194 芯片引脚如图 4-25 所示，4 个并行输入端 A ~ D，Q_A ~ Q_D 为输出端，S_1、S_0 为两个控制输入端，左移输入端 SL 和右移输入端 SR，~ CLR（$\overline{CLR}$）为"异步清零"输入端。CLK 为时钟脉冲。

（1）清零：给 $\overline{CLR}$ 一个低电平，则清除原寄存器中的数码，实现 QA、QB、QC、QD 清零。

（2）存数：当 $S_1 = S_0 = 1$ 时，移位寄存器处于"数据并行输入"状态。CLK 上升沿到达时，触发器被置为 $Q_A^{n+1} = A$，$Q_B^{n+1} = B$，$Q_C^{n+1} = C$，$Q_D^{n+1} = D$。

（3）移位：当 $S_1 = 0$、$S_0 = 1$，CLK 时钟脉冲上升沿到达时，触发器被置为 $Q_A^{n+1} = D_{SR}$，$Q_B^{n+1} = Q_A^n$，$Q_C^{n+1} = Q_B^n$，$Q_D^{n+1} = Q_C^n$，这时移位寄存器处在"右移"工作状态。

当 $S_1 = 1$、$S_0 = 0$，CLK 时钟脉冲上升沿到达时，触发器被置为 $Q_A^{n+1} = Q_B^n$，$Q_B^{n+1} = Q_C^n$，$Q_C^{n+1} = Q_D^n$，$Q_D^{n+1} = D_{SL}$，这时移位寄存器处在"左移"工作状态。

（4）保持：当 $S_1 = S_0 = 0$ 时，$Q_i^{n+1} = Q_i^n$，移位寄存器处在"保持"工作状态。

双向移位寄存器 74LS194 的真值表见表 4-10。

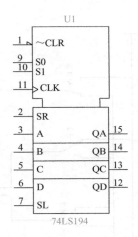

图 4-25　74LS194 芯片引脚

表 4-10　74LS194 真值表

S_1	S_0	D_{SR}	D_{SL}	$\overline{CLK}$	CLK	输 出				功　能
						Q_A^{n+1}	Q_B^{n+1}	Q_C^{n+1}	Q_D^{n+1}	
×	×	×	×	0	×	0	0	0	0	异步清零
×	×	×	×	1	0	Q_A^n	Q_B^n	Q_C^n	Q_D^n	保持
0	0	×	×	1	×	Q_A^n	Q_B^n	Q_C^n	Q_D^n	保持
0	1	0	×	1	↑	0	Q_A^n	Q_B^n	Q_C^n	右移
0	1	1	×	1	↑	1	Q_A^n	Q_B^n	Q_C^n	右移
1	0	×	0	1	↑	Q_B^n	Q_C^n	Q_D^n	0	左移
1	0	×	1	1	↑	Q_B^n	Q_C^n	Q_D^n	1	左移
1	1	×	×	1	↑	A	B	C	D	并行输入

注：×为任意状态。

3. 实验内容与步骤

（1）在 Multisim 10 软件中搭建如图 4-26 所示 74LS194 双向移位寄存器仿真电路，并保存。注意将电源电压调至芯片的额定电压 5V。函数信号发生器调至频率为 5Hz、电压幅度为 5V 的方波。

移位寄存器功能测试

图中 J1、J2 用于控制 74LS194 的工作状态，J4 用于清零，J3 控制左移、右移的输入。

仿真前先将 J1～J4 开关统一扳到向上"1"位置，此时电路处于并行输入状态。

（2）单击"仿真"按钮，开始仿真。任意扳动功能开关，查看电路效果。要求看到左移、右移、清零、并行输入等四种功能的正确效果。注意在左移、右移时适时控制 J3 串行数据输入端的状态，以便于观察到明显的实验效果。

另外，还可以使用逻辑分析仪观察信号左移、右移的输出波形效果。

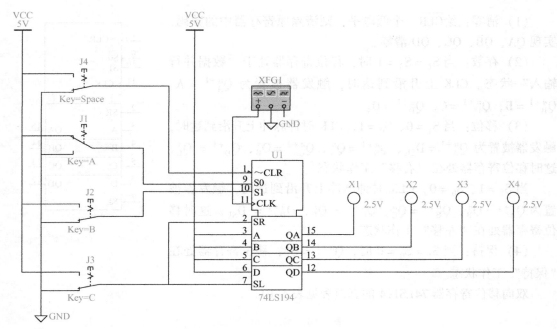

图 4-26　74LS194 双向移位寄存器仿真电路

4. 实验数据与结果

在电路初始状态 $Q_A = Q_B = Q_C = Q_D = 0$ 时，分别记录右移或左移（$S_1 = 0$，$S_0 = 1$ 或 $S_1 = 1$，$S_0 = 0$）工作时，CLK 时钟脉冲作用下电路的输出状态变化效果。

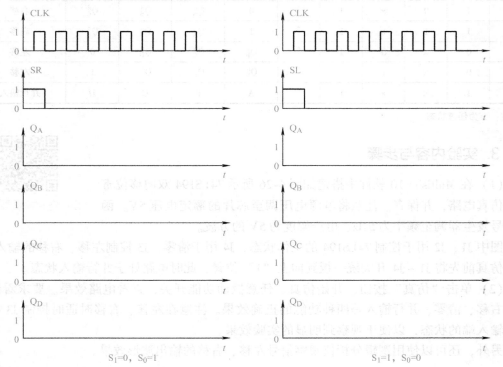

5. 思考题

（1）简述 74LS194 移位寄存器的逻辑功能。

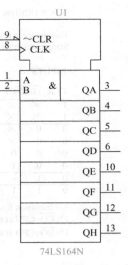

（2）试自拟电路，验证 8 位串入并出移位寄存器 74LS164 的功能。

74LS164 移位寄存器图 4-27 所示，其主要特性如下：

当 ~CLR 为低电平时，输出端 Q_A ~ Q_H 均为低电平。串行数据输入端 A、B 可控制数据。当 A、B 任意一个为低电平时，则禁止新数据输入，在 CLK 时钟脉冲上升沿作用下 Q_A 为低电平。当 A、B 均为高电平时，在 CLK 时钟脉冲上升沿作用下 Q_A 为高电平。

图 4-27　74LS164 引脚

4.8　计数器功能测试

1. 实验目的

（1）通过实验熟悉计数器的工作原理。
（2）读懂 74LS192 的真值表。
（3）通过实验掌握计数器的检测方法。

2. 实验原理

74LS192 是同步十进制可逆计数器，具有双时钟 UP、DOWN 输入，并具有清零和置数功能，其逻辑符号及引脚如图 4-28 所示。图中 ~LOAD 为置数端，UP 为加计数端，DOWN 为减计数端，~CO 为非同步进位输出端，~BO 为非同步借位输出端。D、C、B、A 为计数器输入端，输入数据格式为 8421BCD 码，D 为最高位。Q_D、Q_C、Q_B、Q_A 为数据输出端，格式与输入端相同。CLR 为清零端。

在仿真电路里，可以通过双击放置在电路图中的 74LS192 图形符号，在弹出的属性对话框中单击右下角的"info"（信息）按钮，得到 74LS192 的功能表，如图 4-29 所示。CC40192 功能同 74LS192，电源电压相同时二者可互换使用。

当清除端 CLR 为高电平时，计数器直接清零；CLR 置低电平时执行其他功能。

当 CLR 为低电平，置数端 ~LOAD 也为低电平时，数据直接从置数端 D、C、B、A 置入计数器。

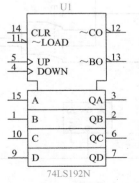

图 4-28　74LS192 逻辑符号及引脚

74××192(Sync BCD Up/down Counter)

This device is a synchronous, BCD, reversible up/down counter.
Sample up/down counter truth table:

INPUTS								OUTPUTS						OPERATING
CLR	$\overline{LOAD}$	UP	DOWM	A	B	C	D	QA	QB	QC	QD	$\overline{CO}$	$\overline{BO}$	MODE
1	×	×	0	×	×	×	×	0	0	0	0	1	0	Reset
1	×	×	1	×	×	×	×	0	0	0	0	1	1	
0	0	×	0	0	0	0	0	0	0	0	0	1	0	Parallel load
0	0	×	1	0	0	0	0	0	0	0	0	1	1	
0	0	0	×	1	×	×	1	Qn=Dn				0	1	
0	0	1	×	1	×	×	1	Qn=Dn				1	1	
0	1	·	1	×	×	×	×	Count up				1^1	1	Count up
0	1	1	·	×	×	×	×	Count down				1	1^2	Count down

· =transition from low to high
$1^1=\overline{CO}$=CPU at terminal count up(HLLH)
$1^2=\overline{BO}$=CPD at terminal count down(LLLL)

图 4-29　74LS192 的功能表

当 CLR 为低电平，～ LOAD 为高电平时，执行计数功能。执行加计数时，减计数端 DOWN 接高电平，计数脉冲由 UP 输入，在计数脉冲上升沿进行 8421BCD 码加计数；执行减计数时，加计数 UP 接高电平，计数脉冲由减计数端 DOWN 输入。

3. 实验内容与步骤

（1）在 Multisim 10 中搭建如图 4-30 所示 74LS192 同步十进制可逆计数器仿真电路，并保存。注意将电源电压调至芯片的额定电压 5V。函数信号发生器调至频率为 2Hz、电压幅度 5V 的方波。

计数器功能测试

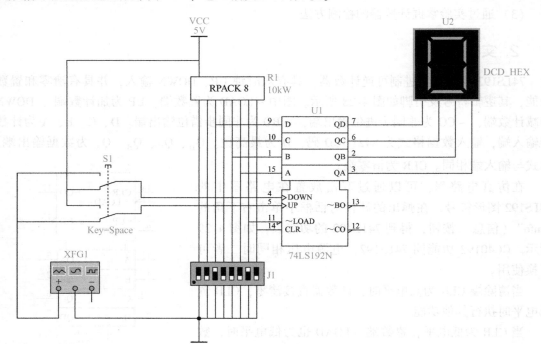

图 4-30　74LS192 同步十进制可逆计数器仿真电路

图中 S1 用于控制 74LS192 的工作状态是加计数还是减计数，可以在机电器件里找到。J1 右侧两位用于清零、置数功能控制，开关向上拨是高电平。J1 中间 4 位用于设定计数初始数值。数码管显示器采用自带 4 线–7 线译码器的 DCD_ HEX 显示器。

（2）单击"仿真"按钮，开始仿真。任意扳动功能开关，查看电路效果。要求看到加计数、减计数、清零、并行输入等四种功能的正确效果。

另外，还可以使用逻辑分析仪观察信号加计数、减计数的输出波形效果。

4. 实验数据与结果

在电路初始状态 $Q_A = Q_B = Q_C = Q_D = 0$ 时，分别记录加计数或减计数工作时，计数时钟脉冲作用下电路的输出状态变化。

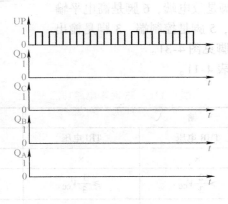

5. 思考题

（1）简述 74LS192 同步十进制可逆计数器的逻辑功能。

（2）利用计数器的非同步进位输出端 ~CO，非同步借位输出端 ~BO 可以方便地进行计数器的级联，实现较高数量的计数。试用两个 74LS192 做一个 0 ~ 99 的两位计数器，画出电路图。

4.9　施密特触发器功能测试

1. 实验目的

（1）熟悉 555 时基电路的特点及引脚功能。
（2）掌握施密特触发器的结构、传输特性及应用场合。
（3）了解 555 时基电路内部结构。

2. 实验原理

（1）555 时基电路介绍。

555 时基电路是一种将模拟电路与数字电路的功能巧妙结合在一起的多用途单片集成电路，如在其外部配接上少许电阻、电容元件，便能构成多谐振荡器、单稳态触发器和施密特触发器等多种应用电路。由于其性能优良、可靠性强、使用灵活方便，在波形的产生与变换、测量与控制中都得到了广泛的应用。

555 时基电路引脚说明，8 脚是电源端，1 脚是接地端，4 脚是复位清零端，7 脚是放电端，6 脚是高电平输入端，2 脚是低电平输入端，5 脚是控制端，3 脚是输出端。555 时基电路符号及引脚见图 4-31。

555 时基电路的功能见表 4-11。

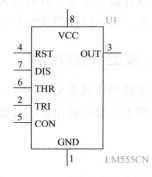

图 4-31　555 时基电路符号及引脚

表 4-11　555 时基电路功能表

序号	输　入			输　出	
	RST	THR 电压	TRI 电压	OUT	DIS
1	0	×	×	0	对地导通
2	1	$> \frac{2}{3}V_{CC}$	$\geq \frac{1}{3}V_{CC}$	0	对地导通
3	1	$\leq \frac{2}{3}V_{CC}$	$< \frac{1}{3}V_{CC}$	1	对地截止
4	1	$\leq \frac{2}{3}V_{CC}$	$\geq \frac{1}{3}V_{CC}$	不变	不变

（2）由 555 时基电路组成施密特触发器。

图 4-32 所示为施密特触发器电路，将 555 定时器的 THR 和 TRI 并接后连外加信号电压 U_i，若将 RP_1 的动触点从最上端逐渐调至最下端，然后再从最下端逐渐调至最上端，即 U_i 从 5V 开始逐渐减小到 0V，再从 0V 向上调到 5V，其输出端 OUT 的高、低电平变化和相应 555 定时器工作状态变化如表 4-12 所示。

从表 4-12 工作状态可知，在 U_i 由大变小过程中，使输出端 OUT 发生由 0 变 1 时刻的 U_i 值称为负向阈值电压 $U_{T-}\left(\frac{1}{3}V_{CC}\right)$；而把 U_i 由小变大，使输出端 OUT 发生由 1 变 0 时刻的 U_i 值称为正向阈值电压 $U_{T+}\left(\frac{2}{3}V_{CC}\right)$。

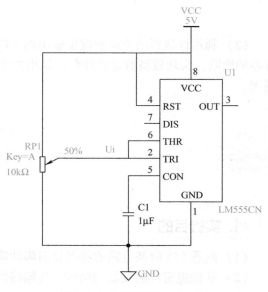

图 4-32　施密特触发器电路

表 4-12 施密特触发器工作状态

U_i输入 变化趋势	$V_{CC} \to \frac{2}{3}V_{CC}$	$\frac{2}{3}V_{CC} \to \frac{1}{3}V_{CC}$	$\frac{1}{3}V_{CC} \to 0$	$0 \to \frac{1}{3}V_{CC}$	$\frac{1}{3}V_{CC} \to \frac{2}{3}V_{CC}$	$\frac{2}{3}V_{CC} \to V_{CC}$
符合表 4-11 序号	2	4	3	3	4	2
OUT 输出状态	0	0	1	1	1	0

3. 实验内容与步骤

在 Multisim 10 软件中搭建如图 4-33 所示施密特触发器仿真电路并保存。注意将电源电压调至芯片的额定电压 5V。函数信号发生器设置为正弦波、频率为 10Hz、电压振幅 2.5V、电压偏移 2.5V，如图 4-34 所示。

施密特触发器

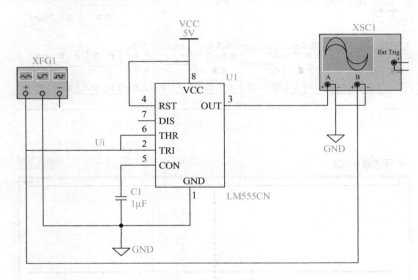

图 4-33 施密特触发器仿真电路

单击"仿真"按钮，开始仿真。

可以得到如图 4-35 所示的输入、输出波形。注意观察，记录负向阈值电压 U_{T-} 和正向阈值电压 U_{T+} 的大小。

将虚拟示波器右下脚的工作方式选择在"A/B"，示波器显示电路的传输特性曲线如图 4-36 所示。

4. 实验数据与结果

（1）记录施密特触发器的阈值电压。

负向阈值电压 U_{T-} = _____，正向阈值电压 U_{T+} = _____。

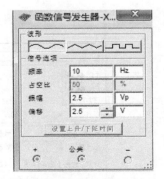

图 4-34 函数信号发生器设置

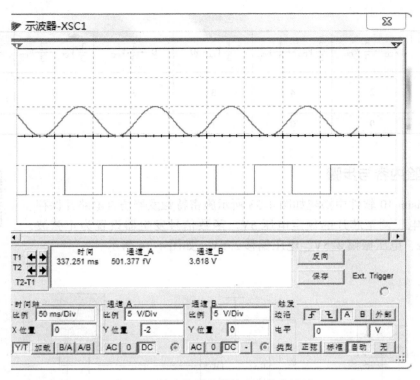

图 4-35　施密特触发器输入、输出波形

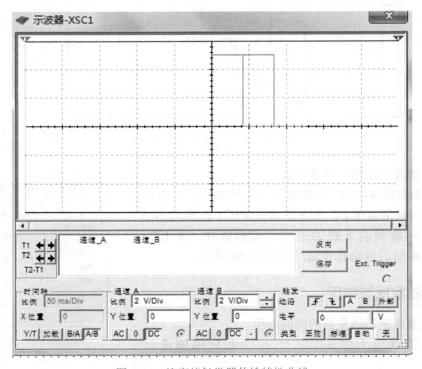

图 4-36　施密特触发器传输特性曲线

（2）绘制施密特触发器的传输特性曲线。

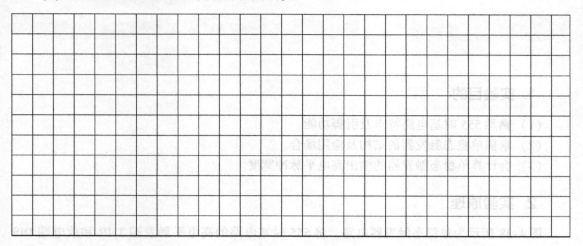

5. 思考题

如图4-37所示是555时基电路的内部原理图，J1～J8对应555时基电路的1～8脚。试在 Multisim 10 仿真环境中绘制该电路图，并仿真运行。将J2、J6脚上输入可调电压，验证555时基电路功能。

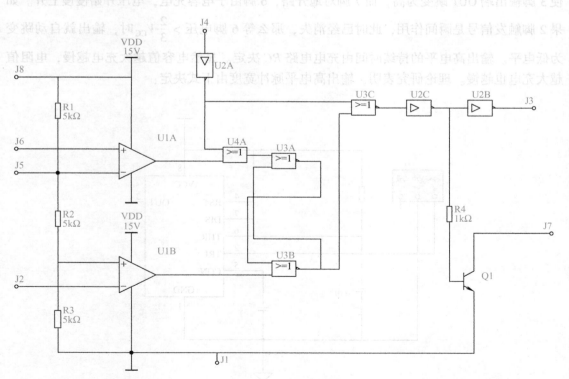

图4-37 555内部原理图

4.10　单稳态触发器功能测试

1. 实验目的

（1）熟悉 555 时基电路特点及引脚功能。
（2）掌握单稳态触发器的结构及应用场合。
（3）会计算单稳态触发器的输出高电平脉冲宽度。

2. 实验原理

图 4-38 所示为单稳态触发器电路，将 555 时基电路的高电平触发端 THR 和放电端 DIS 并接后通过电阻 R 连接到 VCC，通过电容 C 连接到 GND。触发信号从低电平触发端 TRI 输入。5 脚控制端 CON 通过抗干扰电容 C_1 接地，4 脚复位端 RST 直接接电源。电路上电以后，2 脚 TRI 触发电平还没到来（低电平没到），6 脚高电平触发端 THR 由于接了 RC 电路，会由 R 向 C 充电，而电压逐渐升高，使输出为低，7 脚放电端 DIS 对地导通，使 6 脚 THR 得不到充电而维持低电平，进入稳态。当 2 脚低电平触发端 TRI 收到一个低电平触发信号时，使 3 脚输出端 OUT 跳变为高，而 7 脚对地开路，6 脚由于电容充电，电压开始慢慢上升。如果 2 脚触发信号是瞬间作用，此时已经消失，那么等 6 脚电压 $> \dfrac{2}{3} V_{CC}$ 时，输出就自动跳变为低电平。输出高电平的持续时间由充电电路 RC 决定。显然电容值越大充电越慢，电阻值越大充电也越慢。理论研究表明，输出高电平脉冲宽度由下式决定：

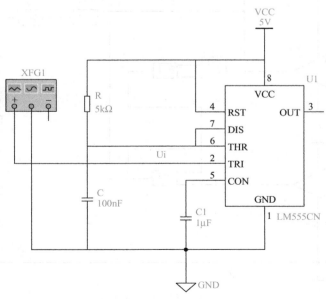

图 4-38　单稳态触发器电路

$$T_W = RC\ln3 \approx 1.1RC$$

注意，此单稳态触发器的触发脉冲必须是窄脉冲，输入低电平脉冲宽度应小于 T_W，电路能输出固定脉宽的信号。如果输入低电平脉冲宽度大于 T_W，则输出高电平脉冲宽度将由输入低电平脉冲宽度决定。

3. 实验内容与步骤

（1）在 Multisim 10 软件中搭建如图4-38所示单稳态触发器电路并保存。注意将电源电压调至芯片的额定电压5V。函数信号发生器设置为方波、频率为50Hz、振幅为2.5V、偏移为2.5V、占空比为99%，如图4-39所示。

（2）单击"仿真"按钮，开始仿真。可以得到如图4-40所示的输入、输出电压波形。为避免输入输出波形交织在一起，可以调整输入或输出波形在 Y 轴位置，以方便观察。记录输入、输出电压波形，测量输出高电平的脉冲宽度。

（3）改变电阻 $R = 10\text{k}\Omega$、电容 $C = 100\text{nF}$，观察输出脉冲宽度的变化，在表4-13中记录输出高电平脉冲宽度。

（4）改变电阻 $R = 5\text{k}\Omega$、电容 $C = 200\text{nF}$，观察输出高电平脉冲宽度的变化，在表4-13中记录输出高电平脉冲宽度。

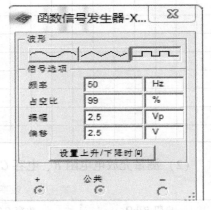

图4-39 函数信号发生器设置

（5）恢复充放电电阻为 $R = 5\text{k}\Omega$，电容 $C = 100\text{nF}$，将50Hz触发信号的占空比改为50%，观察并记录输入输出电压波形的变化。

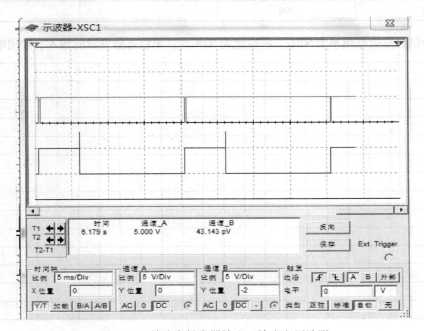

图4-40 单稳态触发器输入、输出电压波形

4. 实验数据与结果

（1）绘制单稳态触发器的输入、输出电压波形。

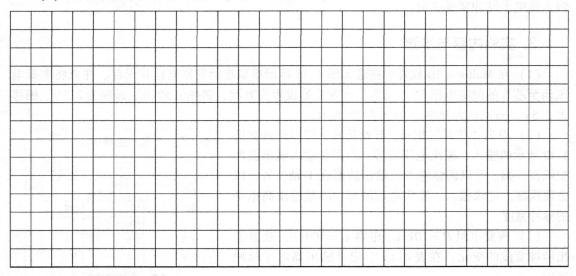

（2）测量充放电电阻 R、电容 C 对单稳态触发器输出高电平脉冲宽度的影响（表4-13）。

表 4-13　改变 RC 值输出高电平脉冲宽度测量记录

电阻 R/kΩ	电容 C/nF	$T_w = 1.1RC$/s	T_w实测/s
5	100		
10	100		
5	200		

（3）绘制触发信号频率为50Hz、占空比为50%时，单稳态触发器的输入、输出电压波形。

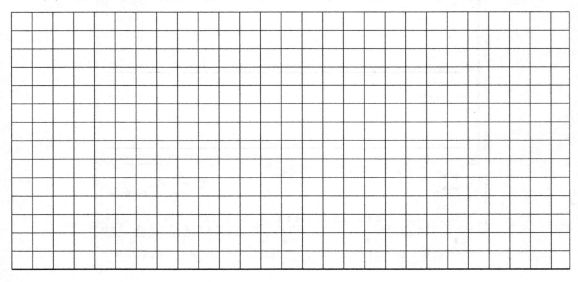

5. 思考题

为什么触发信号频率为 50Hz、占空比为 50% 时，输出高电平脉冲宽度不符合 $T_w = 1.1RC$？

4.11　多谐振荡器功能测试

1. 实验目的

（1）熟悉 555 时基电路特点及引脚功能。

（2）掌握多谐振荡器的结构及应用场合。

（3）会计算多谐振荡器的输出高、低电平脉冲宽度及脉冲周期。

2. 实验原理

图 4-41 所示为以 555 时基电路为核心部件的多谐振荡器。电源经充电电阻 R_1 到放电端 7 脚 DIS 端，7 脚经充放电电阻 R_2 到 6 脚与 2 脚，6 脚和 2 脚经充放电电容 C_2 接地。5 脚控制端 CON 通过抗干扰电容 C_1 接地，4 脚复位端 RST 直接接电源。

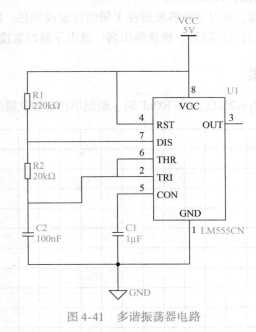

图 4-41　多谐振荡器电路

电路上电以后，由于 2 脚接电容，电压起始值为 0，所以 555 输出高电平，7 脚也维持高电平（内部放电管截止）。电源经 R_1、R_2 向电容 C_2 充电，当电容器 C_2 上的电压大于 $\dfrac{2}{3}$ V_{CC}，6 脚高电平触发端 THR 起作用，555 电路输出低电平，7 脚也为低电平，内部放电管饱和导通，电源经 R_1 由 7 脚经内部放电管到地。电容 C_2 经 R_2 由 7 脚对地放电。当电容器 C_2 上的电压低于 $\frac{1}{3}V_{CC}$ 时，2 脚低电平触发端 TRI 起作用，555 电路输出高电平，7 脚也为高电平，内部放电管截止，电源会再次由 R_1、R_2 向 C_2 充电。如此循环往复，电路形成高低电平的循环输出。

输出高电平的持续时间 $T_高$ 由充电电路 R_1、R_2、C_2 决定。理论研究表明，输出高电平脉冲宽度由下式决定：

$$T_高 \approx 0.7(R_1 + R_2)C_2$$

输出低电平的持续时间 $T_低$ 由充电电路 R_1、C_2 决定。

$$T_低 \approx 0.7R_1C_2$$

输出脉冲的周期：$T = T_高 + T_低$。

输出脉冲的频率：$f = 1/T$。

3. 实验内容与步骤

（1）在 Multisim 10 软件中搭建如图 4-41 所示多谐振荡器仿真电路并保存。注意将电源电压调至 5V。

多谐振荡器

在仿真原理图中添加虚拟示波器，将示波器探头接到电容器 C_2 和 3 脚输出端 OUT 上。

（2）单击"仿真"按钮，开始仿真。

为避免波形交织在一起，可以调整各波形在 Y 轴的位置或颜色，以方便观察。绘制充放电电容 C_2 两端电压波形、输出电压波形，测量输出高、低电平脉冲宽度，记录在表 4-14 中。

4. 实验数据与结果

（1）当 $R_1 = 220\text{k}\Omega$、$R_2 = 20\text{k}\Omega$、$C = 100\text{nF}$ 时，绘制单稳态触发器的 U_C、U_o 的电压波形。

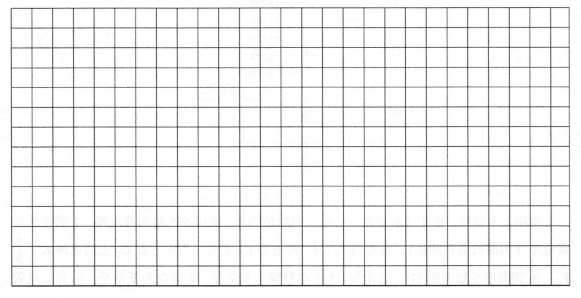

（2）测量充放电电阻电容对多谐振荡器输出脉冲的影响（表4-14）。

表4-14　RC 与脉冲测量记录表

电阻 R_1/Ω	电阻 R_2/Ω	电容 C_2/nF	$T_{低}/\mathrm{s}$	$T_{高}/\mathrm{s}$	T/s
220k	20k	100			
51k	51k	100			

5. 思考题

如何获得占空比为50%的方波输出信号？将原理图绘制在下面。注意 R_1 不可以为 0，R_1 太小会使 555 内部放电管电流过大而被烧毁。

第5章

基本单元电路仿真实验

5.1　直流电源与晶体管静态工作点的测量

1. 实验目的

（1）熟悉半波整流、滤波、稳压电路的特点及功能。

（2）熟悉固定偏置共发射极放大电路的组成及元件作用。

（3）会判断三极管放大电路的工作状态——放大、截止还是饱和。

2. 实验原理

直流电源与晶体管静态工作点测量电路如图 5-1 所示。

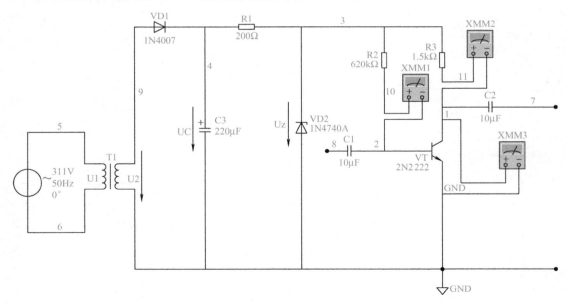

图 5-1　直流电源与晶体管静态工作点测量电路

输入的交流电经过二极管半波整流，得到脉动直流电，再经过电容滤波，得到较平滑的直流电，最后经过稳压二极管稳压，从而输出稳定的直流电压，给晶体管放大电路提供电源。

根据所测晶体管静态工作点 $I_C \gg I_B$，说明晶体管有电流放大作用；又根据所测 U_{CE} 接近于 $\frac{1}{2} U_{cc}$（电源电压），可说明晶体管工作在放大区，且静态工作点合适。

直流电源与晶体管静态
工作点测量

3. 实验内容与步骤

（1）在 Multisim 10 软件中根据图 5-1 绘制实验原理图。

（2）测量电压 U_2、U_C、U_Z 及晶体管静态工作点电流 I_B、I_C 及静态电压 U_{CE}。

（3）通过测量结果，简述电路的工作原理，说明晶体管是否有电流放大作用，静态工作点是否合适。

4. 实验数据与结果

测量电压 U_2、U_C、U_Z 以及晶体管静态工作点电流 I_B、I_C 及静态电压 U_{CE}，填入表 5-1 中。

表 5-1 电压电流测量记录

U_2	U_C	U_Z	I_B	I_C	U_{CE}

5. 思考题

通过测量结果简述电路的工作原理，说明晶体管是否有电流放大作用，静态工作点是否合适。

5.2 单相半波整流、电容滤波、稳压管稳压电路功能测试

1. 实验目的

（1）熟悉单相半波整流、电容滤波、稳压管稳压电路的特点及功能。

（2）掌握电路输出电压 U_o 与电路元件、参数之间的关系。

2. 实验原理

单相半波整流、电容滤波、稳压管稳压实验电路如图 5-2 所示。

输入的交流电经过二极管半波整流，得到脉动直流电，再经过电容滤波，得到较平滑的直流电，最后经过稳压二极管稳压，输出稳定的直流电压给负载。

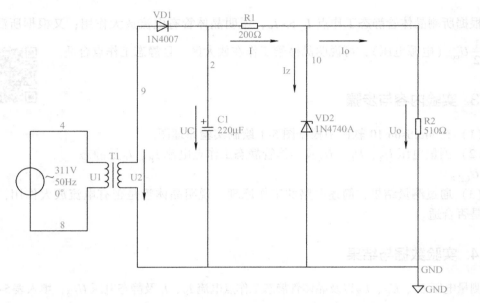

图 5-2　单相半波整流、电容滤波、稳压管稳压电路

3. 实验内容与步骤

单相整流、电容滤波、
稳压管稳压电路

（1）在 Multisim 10 软件中绘制图 5-2 所示电路。

（2）测量电压 U_2、U_C、U_o 及电流 I、I_Z、I_o。

（3）通过测量结果简述电路的工作原理。

4. 实验数据与结果

测量电压 U_2、U_C、U_o 及电流 I、I_Z、I_o，填入表 5-2 中。

表 5-2　电压电流测量记录

U_2	U_C	U_o	I	I_Z	I_o

5. 思考题

通过测量结果简述电路的工作原理。

5.3   负载变化的单相半波整流、电容滤波、稳压管稳压电路功能测试

1. 实验目的

（1）熟悉单相半波整流、电容滤波、稳压管稳压电路的特点及功能。

（2）掌握电路输出电压U_o与电路元件、参数之间的关系。

（3）理解万用表内电阻对测量结果的影响。

2. 实验原理

负载变化的单相半波整流、电容滤波、稳压管稳压电路如图5-3所示。

输入的交流电经过二极管半波整流得到脉动直流电，再经过电容滤波，得到较平滑的直流电，最后经过稳压二极管稳压，输出稳定的直流电压给负载。

测量时，万用表的内电阻与待测电压两点间电阻形成并联关系，造成两点间的总电阻下降，根据串联电路分压特性，会使测量值降低。所以，要求使用内电阻尽可能大的万用表，从而减小万用表内电阻对测量的影响，提高测量准确性。

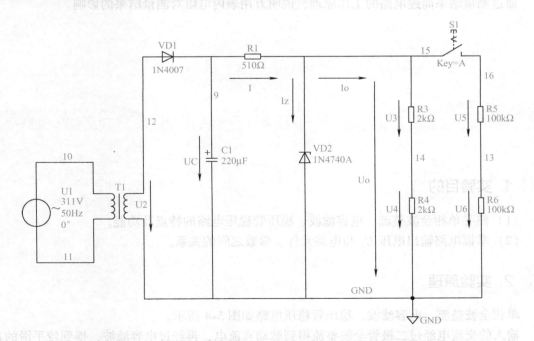

图5-3   负载变化的单相半波整流、电容滤波、稳压管稳压电路

3. 实验内容与步骤

（1）在 Multisim 10 软件中根据图 5-3 所示绘制电路。

（2）在开关闭合及断开的两种情况下，测量电压 U_2、U_C、U_o，电流 I、I_Z、I_o，以及 4 个负载电阻上的电压 U_3、U_4、U_5、U_6。

（3）通过测量结果简述电路的工作原理，说明万用表内电阻对测量的影响。

4. 实验数据与结果

在开关闭合及断开的两种情况下，测量电压 U_2、U_C、U_o，电流 I、I_Z、I_o及 4 个负载电阻上的电压 U_3、U_4、U_5、U_6，填入表 5-3 中。

表 5-3　电压电流测量记录

开关 S1 的状态	U_2	U_C	U_o	I	I_Z	I_o	U_3	U_4	U_5	U_6
闭合										
断开										

5. 思考题

通过测量结果简述电路的工作原理，说明万用表内电阻对测量结果的影响。

5.4 单相全波整流、电容滤波、稳压管稳压电路功能测试

1. 实验目的

（1）熟悉单相全波整流、电容滤波、稳压管稳压电路的特点及功能。

（2）掌握电路输出电压 U_o 与电路元件、参数之间的关系。

2. 实验原理

单相全波整流、电容滤波、稳压管稳压电路如图 5-4 所示。

输入的交流电经过二极管全波整流得到脉动直流电，再经过电容滤波，得到较平滑的直流电，最后经过稳压二极管稳压，输出稳定的直流电压给负载。

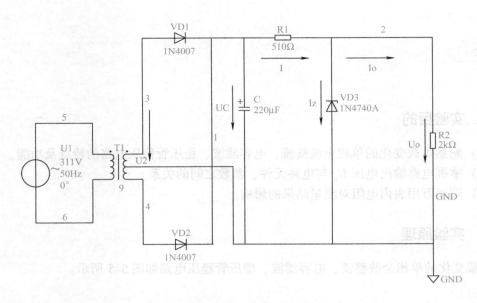

图 5-4 单相全波整流、电容滤波、稳压管稳压电路

3. 实验内容与步骤

（1）在 Multisim 10 软件中按图 5-4 所示绘制电路。

（2）测量电压 U_2、U_C、U_o 及电流 I、I_Z、I_o。

（3）通过测量结果，简述电路的工作原理。

单相全波整流、电容滤波、
稳压管稳压电路

4. 实验数据与结果

测量电压 U_1、U_2、U_C、U_o 及电流 I、I_Z、I_o，将结果填入表 5-4 中。

表 5-4 电压电流测量记录

U_1	U_2	U_C	U_o	I	I_Z	I_o

5. 思考题

通过测量结果，简述电路的工作原理。

5.5 负载变化的单相全波整流、电容滤波、稳压管稳压电路功能测试

1. 实验目的

（1）熟悉负载变化的单相全波整流、电容滤波、稳压管稳压电路的特点及功能。

（2）掌握电路输出电压 U_o 与电路元件、参数之间的关系。

（3）理解万用表内电阻对测量结果的影响。

2. 实验原理

负载变化的单相全波整流、电容滤波、稳压管稳压电路如图 5-5 所示。

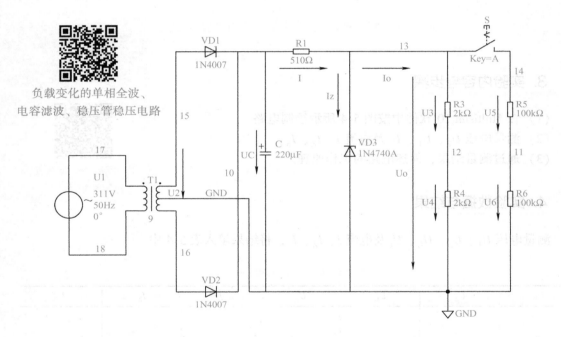

负载变化的单相全波、电容滤波、稳压管稳压电路

图 5-5　负载变化的单相全波整流、电容滤波、稳压管稳压电路

输入的交流电经过二极管全波整流，再经过电容滤波，得到较平滑的直流电，最后经过稳压二极管稳压，输出稳定的直流电压给负载。

测量时，万用表的内电阻与被测电路之间成并联关系，造成两点间的等效电阻下降，从而使测量值降低。当被测电路电阻远远小于万用表内电阻时，影响不大；当被测电路电阻与万用内电阻相当或者大于万用表内电阻时，电压下降明显。所以要求使用内电阻尽可能大的万用表，从而减小万用表内电阻对测量的影响，提高测量准确性。

3. 实验内容与步骤

（1）在 Multisim 10 软件中按图 5-5 所示绘制电路。

（2）在开关闭合及断开的两种情况下，测量电压 U_2、U_C、U_o，电流 I、I_Z、I_o，以及 4 个负载电阻上的电压 U_3、U_4、U_5、U_6。

（3）通过测量结果简述电路的工作原理，说明万用表内电阻对测量的影响。

4. 实验数据与结果

在开关闭合及断开的两种情况下，测量电压 U_2、U_C、U_o，电流 I、I_Z、I_o，以及 4 个负载电阻上的电压 U_3、U_4、U_5、U_6，填入表 5-5 中。

表 5-5　电压电流测量记录

开关 S 的状态	U_2	U_C	U_o	I	I_Z	I_o	U_3	U_4	U_5	U_6
闭合										
断开										

5. 思考题

通过测量结果简述电路的工作原理，说明万用表内电阻对测量结果的影响。

5.6　单相桥式整流、电容滤波电路功能测试

1. 实验目的

（1）熟悉单相桥式整流、电容滤波电路的特点及功能。

（2）掌握电路输出电压 U_o 与电路元件、参数之间的关系。

（3）理解理想电源与实际电源的外特性。

2. 实验原理

单相桥式整流、电容滤波电路如图 5-6 所示。

市电 220V 经变压器降为约 12V 交流电，此交流电经二极管桥式整流电路，再经过电容滤波电路后输出。输出电压的大小取决于滤波电路的放电时间常数，在滤波电容确定后，输出电压会随负载电流增大（负载电阻减小）而逐渐下降。

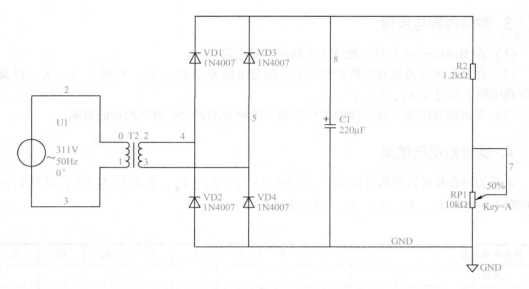

图 5-6　单相桥式整流、电容滤波电路

单相桥式整流、
电容滤波电路

3. 实验内容与步骤

（1）在 Multisim 10 软件中按图 5-6 所示绘制电路。

（2）测量电路的外特性，通过测量结果（表 5-6）说明电路为什么有这样的外特性。

（3）把输出电流调到 8 mA，测量在表 5-7 所列各种故障情况下的输出电压，通过测量结果说明为什么有这样的故障现象。

4. 实验数据与结果

（1）测量电路的外特性，填入表 5-6 中。

表 5-6　电压测量记录

输出电流/mA	2	4	6	8	10
输出电压/V					

（2）把输出电流调到 8mA，测量在下列各种故障情况下的输出电压，填入表 5-7。

表 5-7　各种故障情况下的输出电压测量记录

故 障 情 况	输 出 电 压
断开一只二极管	
断开滤波电容	
断开一只二极管及滤波电容	

5. 思考题

（1）通过测量结果说明电路为什么有表5-6所示的外特性。

（2）通过测量结果说明为什么有表5-7所示的故障现象。

5.7　单相桥式整流、电容滤波、稳压管稳压电路功能测试

1. 实验目的

（1）熟悉单相桥式整流、电容滤波、稳压管稳压电路的特点及功能。

（2）掌握电路输出电压 U_o 与电路元件、参数之间的关系。

2. 实验原理

单相桥式整流、电容滤波、稳压管稳压电路如图5-7所示。

输入的交流电经过二极管桥式整流得到脉动直流电，再经过电容滤波，得到较平滑的直流电，最后经过稳压二极管稳压输出稳定的直流电压给负载。

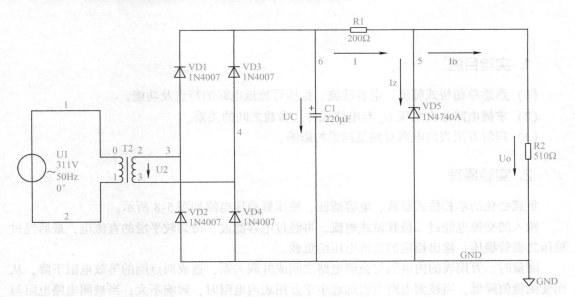

图5-7　单相桥式整流、电容滤波、稳压管稳压电路

3. 实验内容与步骤

(1) 在 Multisim 10 软件中绘制图 5-7 所示电路。

(2) 测量电压 U_2、U_C、U_o 及电流 I、I_Z、I_o。

(3) 通过测量结果简述电路的工作原理。

单相桥式整流、电容滤波、
稳压管稳压电路

4. 实验数据与结果

测量电压 U_1、U_2、U_C、U_o 及电流 I、I_Z、I_o，填入表 5-8 中。

表 5-8　电压电流测量记录

U_1	U_2	U_C	U_o	I	I_Z	I_o

5. 思考题

通过测量结果简述电路的工作原理。

5.8　负载变化的单相桥式整流、电容滤波、稳压管稳压电路功能测试

1. 实验目的

(1) 熟悉单相桥式整流、电容滤波、稳压管稳压电路的特点及功能。

(2) 掌握电路输出电压 U_o 与电路元件、参数之间的关系。

(3) 理解万用表内电阻对测量结果的影响。

2. 实验原理

负载变化的单相桥式整流、电容滤波、稳压管稳压电路如图 5-8 所示。

输入的交流电经过二极管桥式整流，再经过电容滤波，得到较平滑的直流电，最后经过稳压二极管稳压，输出稳定的直流电压给负载。

测量时，万用表的内电阻与被测电路之间成并联关系，造成两点间的等效电阻下降，从而使测量值降低。当被测电路电阻远远小于万用表内电阻时，影响不大；当被测电路电阻与万用表内电阻相当或者大于万用表内电阻时电压下降明显。所以要求使用内电阻尽可能大的万用表，从而减小万用表内电阻对测量的影响，提高测量准确性。

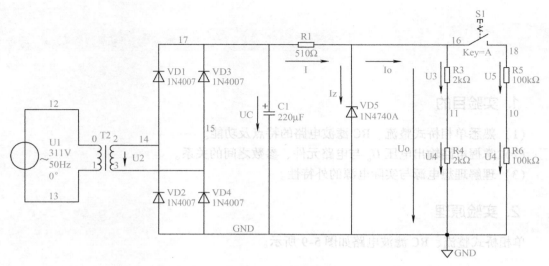

图 5-8 负载变化的单相桥式整流、电容滤波、稳压管稳压电路

3. 实验内容与步骤

（1）在 Multisim 10 软件中按图 5-8 所示绘制电路。

（2）在开关闭合及断开两种情况下，测量电压 U_2、U_C、U_o，电流 I、I_Z、I_o，以及 4 个负载电阻上的电压 U_3、U_4、U_5、U_6。

（3）通过测量结果简述电路的工作原理，说明万用表内电阻对测量结果的影响。

4. 实验数据与结果

在开关闭合及断开两种情况下，测量电压 U_2、U_C、U_o，电流 I、I_Z、I_o，以及 4 个负载电阻上的电压 U_3、U_4、U_5、U_6，填入表 5-9。

表 5-9 电压电流测量记录

开关 S1 的状态	U_2	U_C	U_o	I	I_Z	I_o	U_3	U_4	U_5	U_6
闭合										
断开										

5. 思考题

通过测量结果简述电路的工作原理，说明万用表内电阻对测量结果的影响。

1. 实验目的

（1）熟悉单相桥式整流、RC 滤波电路的特点及功能。

（2）掌握电路输出电压 U_o 与电路元件、参数之间的关系。

（3）理解理想电源与实际电源的外特性。

2. 实验原理

单相桥式整流、RC 滤波电路如图 5-9 所示。

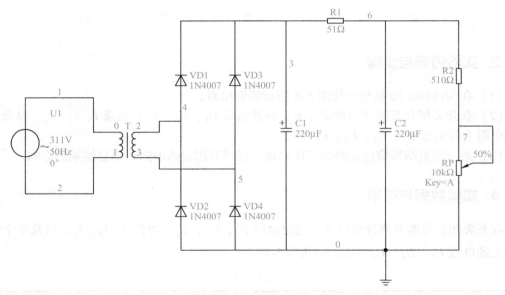

图 5-9　单相桥式整流、RC 滤波电路

市电 220V 经变压器降为约 12V 交流电，此交流电经二极管桥式整流，再经过 RC 电容滤波后输出。

RC 滤波电路采用π型阻容滤波，滤波电路中的电阻 R_1 相当于电源的内阻。普通实际电源的外特性就是输出电压会随输出电流增大而减小。该电路中电源内阻为 51Ω，输出电压随输出电流增大而明显减小。

3. 实验内容与步骤

（1）在 Multisim 10 软件中按图 5-9 所示绘制电路。

（2）测量电路的外特性填入表 5-10 中，通过测量结果说明电路为什么有这样的外特性。

单相桥式整流、
RC 滤波电路

（3）把输出电流调到8mA，测量在下列各种故障情况下的输出电压，通过测量结果说明为什么有这样的故障现象。

4. 实验数据与结果

（1）测量电路的输出电流对应的输出电压，填入表5-10中。

表5-10　电压测量记录

输出电流/mA	2	4	6	8	10
输出电压/V					

（2）把输出电流调到8 mA，测量在下列各种故障情况下的输出电压，见表5-11。

表5-11　各种故障情况下输出电压测量记录

故　障　情　况	输　出　电　压
断开一只二极管	
断开滤波电容	
断开一只二极管及滤波电容	

5. 思考题

（1）通过测量结果说明电路为什么有表5-10所示的外特性。

（2）通过测量结果说明为什么有表5-11所示的故障现象。

5.10　镍铬电池充电电路功能测试

1. 实验目的

（1）深刻理解镍铬电池充电电路的工作原理。
（2）掌握发光二极管的特点及好坏判断方法。

2. 实验原理

镍铬电池充电电路如图5-10所示。

市电220V经变压器变为4.3V的交流电，此4.3V交流电经过由发光二极管和并联电阻组成的充电指示电路降压，再经过二极管半波整流，将获得的直流电加到可充电电池两端，为电池补充电能。

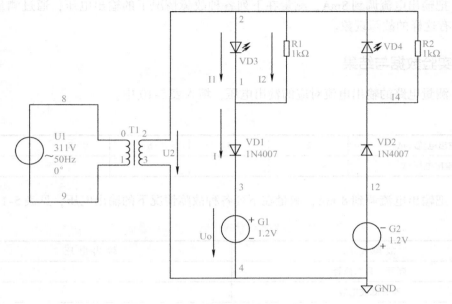

图 5-10 镍铬电池充电电路

整个电路由电流方向相反的两个充电电路组成，两路同时使用时，交流正负半周都有电流通过变压器绕组，提高变压器的利用率。

3. 实验内容与步骤

（1）在 Multisim 10 软件中按图 5-10 所示绘制电路。

（2）测量变压器次级电压 U_2、电池两端的电压为 U_o 及电池充电电流 I、发光二极管电流 I_1 及电阻上的电流 I_2。

（3）通过测量结果，简述电路的工作原理。

4. 实验数据与结果

测量变压器次级电压 U_2、电池两端的电压为 U_o、电池充电电流 I、发光二极管电流 I_1 及电阻上的电流 I_2，填入表 5-12。

表 5-12 电压电流测量记录

U_2	U_o	I	I_1	I_2

5. 思考题

通过测量结果，简述电路的工作原理。

5.11 RC 阻容放大电路功能测试

1. 实验目的

（1）掌握函数信号发生器、双踪示波器的使用方法。

（2）深刻理解阻容耦合放大电路的组成及特点。

（3）分析波形失真产生的原因及改善失真的方法。

2. 实验原理

RC 阻容放大电路如图 5-11 所示。

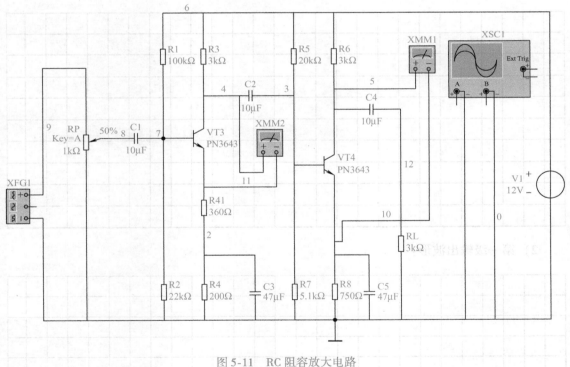

图 5-11 RC 阻容放大电路

本电路是两级阻容耦合放大电路，两级的静态工作点互不影响。图中晶体管 VT_3、VT_4 是两级放大电路的放大元件。每一级都接成分压式偏置电路，发射极电阻 R_{41}、R_4 和 R_8 具有稳定静态工作点的作用。由于存在发射极电阻，对交流信号将起到抑制作用。所以，电路中加了 C_3、C_5 发射极旁路电容，起到提升交流信号的作用，所以 C_3、C_5 又称为交流提升电容。电阻 R_3、R_6 将集电极的电流信号转变成电压信号，经 C_2、C_4 耦合输出到下一级。C_1 也是信号耦合电容，R_L 是输出负载。

3. 实验内容与步骤

（1）在 Multisim 10 软件中按图 5-11 所示绘制电路。

（2）将电源调至直流 12V，将晶体管的放大倍数调到 200。

（3）测量晶体管 VT_3、VT_4 静态工作点电压并记录。

（4）用双踪示波器实测并画出相关各点波形。

RC 阻容放大电路

4. 实验数据与结果

（1）测量晶体管 VT_3、VT_4 的静态工作点电压 U_{C3} _____、U_{E3} _____、U_{C4} _____、U_{E4} _____。

（2）用双踪示波器实测并画出 RC 阻容放大电路各点波形图。

1）U_i 波形：

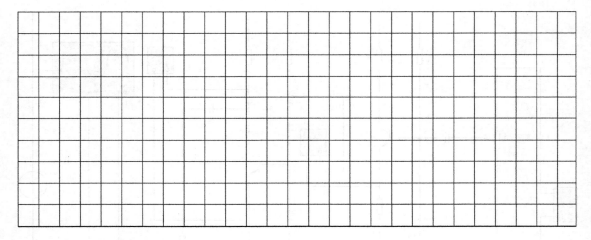

2）第一级输出波形：

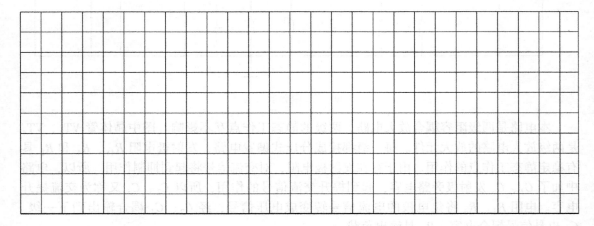

3）最大不失真波形：

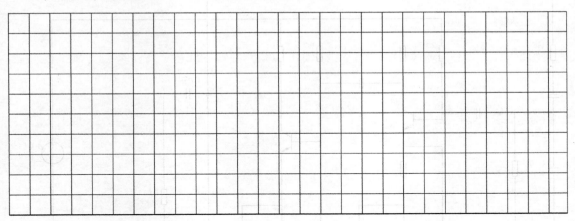

5.12　RC 桥式振荡电路功能测试

1. 实验目的

（1）理解 RC 桥式振荡电路的组成及特点。

（2）了解振荡电路产生的幅度与相位条件。

（3）掌握 RC 桥式振荡电路振荡频率的计算方法。

2. 实验原理

RC 桥式振荡电路如图 5-12 所示。

本电路是在两级阻容耦合放大电路的基础上再加上正、负反馈构成的。两级的静态工作点互不影响。图中晶体管 VT_1、VT_2 是两级放大电路的放大元件。发射极电阻 R_{11}、R_6 及 R_{10} 具有稳定静态工作点的作用。由于存在发射极电阻，将对交流信号起到抑制作用。所以，加了 C_5、C_6 发射极旁路电容，可以起到交流信号提升作用。电阻 R_4、R_8 将集电极的电流信号转变成电压信号，C_3、C_4、C_8 是信号耦合电容，R_1 是输出负载。

R_{12}、R_2、C_9 及 C_{10} 构成正反馈网络，也是选频网络。电路的振荡频率可由下式决定。

$$f_0 = \frac{1}{2\pi RC}$$

C_7、RP_5、R_{11} 及 C_5 构成负反馈支路，决定电路的电压放大倍数。

3. 实验内容与步骤

（1）在 Multisim 10 软件中按图 5-12 所示绘制电路。

（2）将电源调至直流 15V，将晶体管的放大倍数调到 200。

（3）测量晶体管 VT_1、VT_2 静态工作点电压并记录。

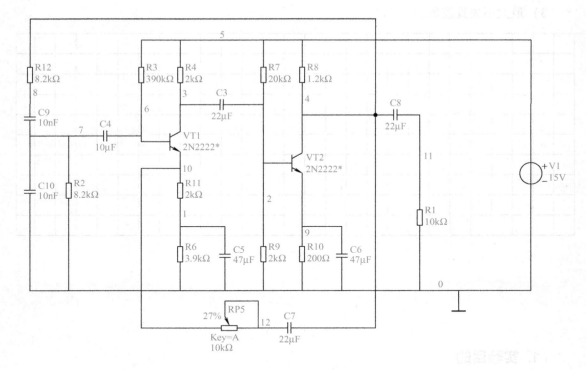

图 5-12　RC 桥式振荡电路

（4）用双踪示波器实测并画出相关各点波形。

4. 实验数据与结果

（1）测量晶体管 VT_1、VT_2 的静态工作点电压 U_{C1} _____ 、U_{E1} _____ 、U_{C2} _____ 、U_{E2} _____ 。

（2）用双踪示波器实测并画出桥式振荡电路各点波形图。

1）正反馈信号波形：

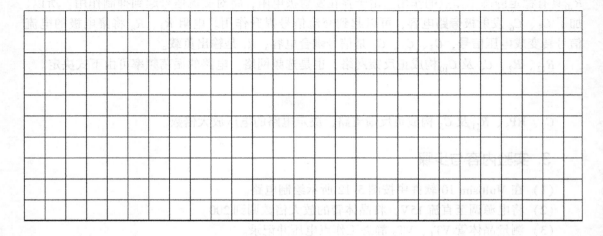

2）VT$_1$ 集电极输出信号波形：

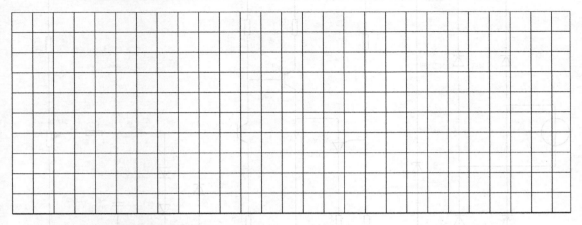

3）VT$_2$ 集电极输出信号波形：

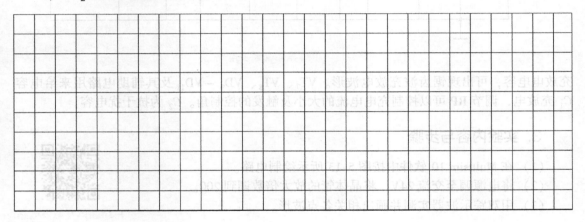

5.13　单结晶体管触发电路功能测试

1. 实验目的

（1）了解单结晶体管的结构与特点。
（2）熟悉单结晶体管触发电路的组成及特点。
（3）掌握单结晶体管触发电路控制角的调节与测量方法。

2. 实验原理

单结晶体管触发电路如图 5-13 所示。

VD$_1$ ～ VD$_4$ 四个二极管是桥式整流二极管，整流后的电压经过 VD$_5$ 稳压管形成梯形波，供给触发电路作为同步电源使用。VD$_6$ 是国外生产单结晶体管（替代国产 BT33），构成弛张振荡器，产生触发脉冲。触发脉冲在 R_3 上输出，R_{A1}、R_{A2} 用于调节触发电压高低，C_1 是

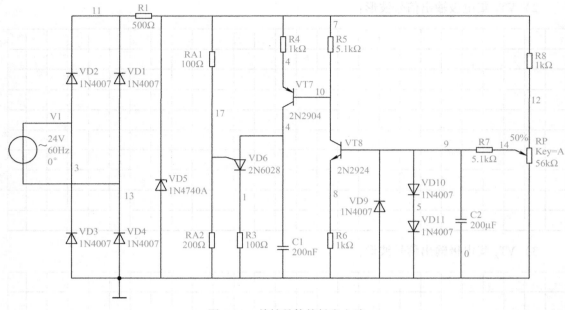

图 5-13　单结晶体管触发电路

充放电电容，可出现锯齿波充放电波形。VT_7、VT_8、$VD_9 \sim VD_{11}$ 及其辅助电路用来给电容 C_1 充放电，调节 RP 可以控制充电电流的大小及触发的控制角。C_2 为抗干扰电容。

3. 实验内容与步骤

（1）在 Multisim 10 软件中按图 5-13 所示绘制电路。
（2）将电源调至交流 24V，将晶体管的放大倍数调到 200。
（3）用双踪示波器实测并画出相关各点波形。

单结晶体管触发电路

4. 实验数据与结果

用双踪示波器实测，并画出单结晶体管触发电路各点波形图。
1）桥式整流后脉动电压波形：

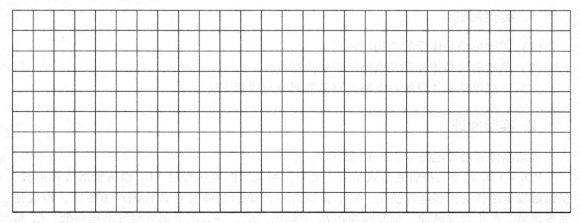

2）梯形波同步电压波形：

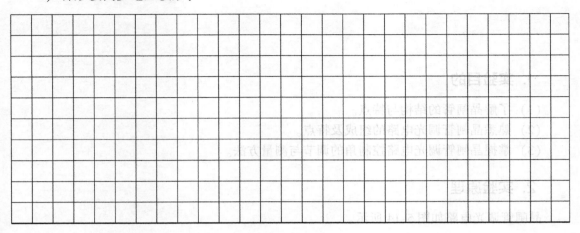

3）锯齿波电压波形：

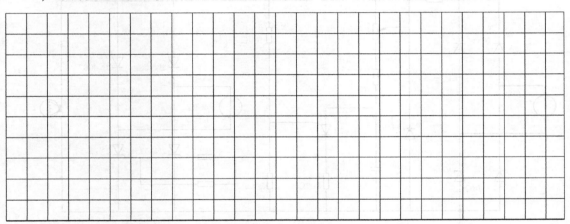

4）输出脉冲波形：

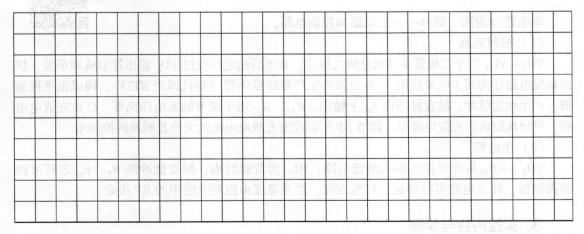

5.14 晶闸管调光电路功能测试

1. 实验目的

（1）了解晶闸管的结构与特点。

（2）熟悉晶闸管调光电路的组成及特点。

（3）掌握晶闸管调光电路控制角的调节与测量方法。

2. 实验原理

晶闸管调光电路如图5-14所示。

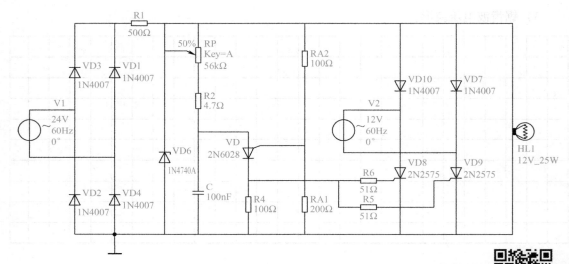

图5-14　晶闸管调光电路

本电路分为两个部分——主电路和控制电路。

（1）控制电路

$VD_1 \sim VD_4$ 四个二极管是桥式整流二极管，整流后的电压经过 VD_6 稳压管形成梯形波，供给触发电路作为同步电源使用。VD 是国外生产单结晶体管（替代国产 BT33），构成弛张振荡器，产生触发脉冲。触发脉冲在 R_4 上输出，R_{A1}、R_{A2} 用于调节触发电压高低，C 是充放电电容，可出现锯齿波充放电波形。调节 RP 可以控制充放电电流的大小及触发的控制角。

（2）主电路

$VD_7 \sim VD_{10}$ 构成半控型桥式整流电路，HL_1 为负载灯泡。触发脉冲经 R_5、R_6 送到可控硅控制极，使主电路可控导通，灯泡发光。发光亮度由控制电路中的 RP 决定。

3. 实验内容与步骤

（1）在 Multisim 10 软件中绘制图5-14所示电路。

（2）将交流电源调至12V、24V。

（3）用双踪示波器实测，并画出相关各点波形。

4. 实验数据与结果

用双踪示波器实测，并画出晶闸管调光电路各点的波形图。

（1）桥式整流后脉动电压波形：

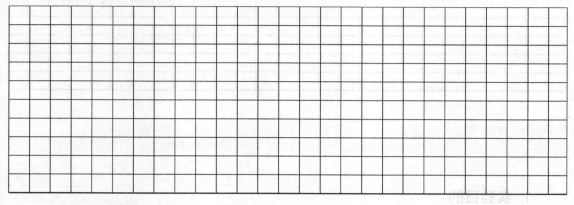

（2）同步电压波形：

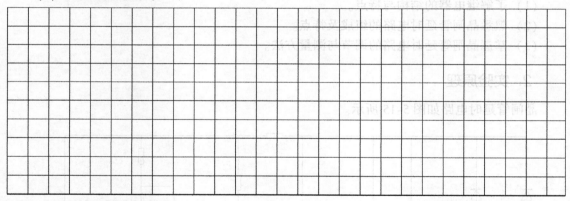

（3）电容电压波形：

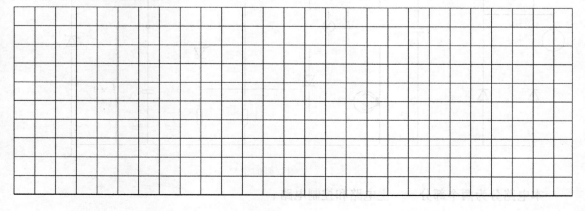

（4）α = _____时的输出电压波形（可选择 30°、60°、90°、120°）

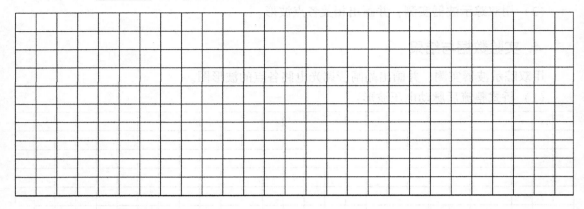

5.15　晶闸管延时电路功能测试

1. 实验目的

（1）了解继电器的结构与特点。

（2）熟悉晶闸管延时电路的组成及特点。

（3）掌握晶闸管延时电路的调节与测量方法。

2. 实验原理

晶闸管延时电路如图 5-15 所示。

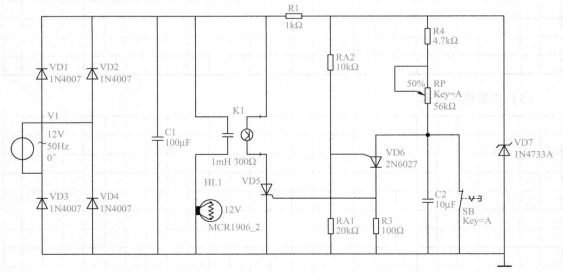

图 5-15　晶闸管延时电路

本电路分为两个部分——主电路和控制电路。

（1）主电路。$VD_1 \sim VD_4$ 四个二极管是桥式整流二极管，整流后的脉动直流电经电容 C_1 滤波，作为主电路的电源。主电路中 K_1 继电器得电闭合，小灯 HL_1 得电点亮，并且一直点亮。

（2）控制电路。控制电路与主电路共用电源。

主电路滤波后的电源经过 VD_7 稳压管形成较平滑直流电供给触发电路作为电源使用。VD_6 是国外生产单结晶体管（替代国产 BT33），构成弛张振荡器，产生触发脉冲。触发脉冲在 R_3 上输出，R_{A1}、R_{A2} 用于调节触发电压高低，C_2 是充放电电容，在开关 SB 断开时可见锯齿波充放电波形。当电容 C_2 上电压大于 R_{A1}、R_{A2} 分压时，VD_6 产生触发脉冲，触发 VD_5 导通，继电器得电。调节 RP 可以控制充电电流的大小，控制触发的到来时间。

3. 实验内容与步骤

（1）在 Multisim 10 软件中按图 5-15 所示绘制电路。

（2）将电源调至交流 12V。

（3）用双踪示波器实测，并画出相关各点波形。

晶闸管延时电路

4. 实验数据与结果

用双踪示波器实测，并画出晶闸管延时电路各点波形图。

（1）VD_7 两端电压波形：

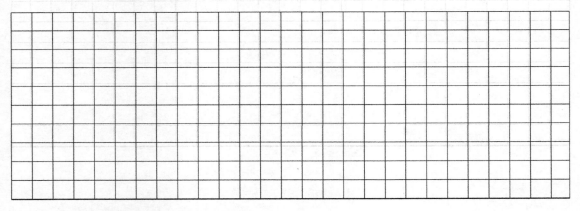

（2）C_2 两端电压波形：

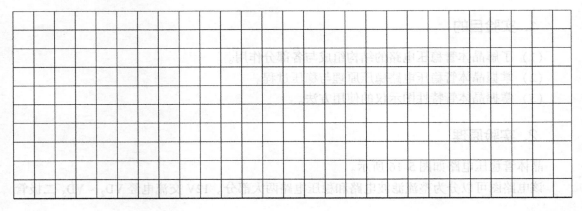

（3）R_3 两端电压波形：

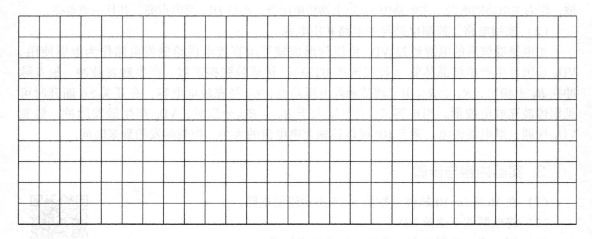

（4）小灯 HL_1 两端电压波形：

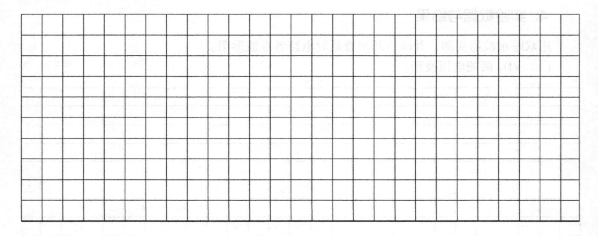

5.16　晶体管稳压电路功能测试

1. 实验目的

（1）了解晶体管稳压电路的结构组成与各部分作用。

（2）掌握晶体管稳压电路稳压原理与稳压过程。

（3）掌握晶体管特性图示仪的使用方法。

2. 实验原理

晶体管稳压电路如图 5-16 所示。

该电路图可以分为整流滤波电路和稳压电路两大部分。12V 交流电经 $VD_2 \sim VD_5$ 二极管

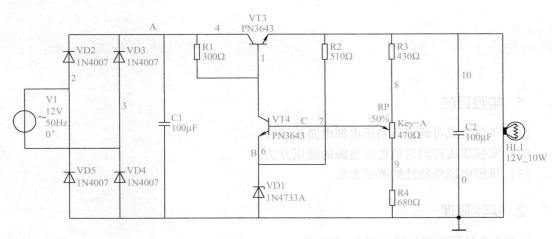

图 5-16 晶体管稳压电路

组成的桥式整流电路整流和 C_1 滤波后，作为稳压电路的输入直流电源（13～14V）。晶体管 VT_3 作为调整管，晶体管 VT_4 作为放大管。R_2 和稳压管 VD_1 组成基准电压回路。稳压管 VD_1 的稳定电压（约5V）作为基准电压，电阻 R_3、R_4 和电位器 RP 组成分压取样电路。改变电位器 RP 可调节直流输出电压值 U_O，C_2 是输出滤波电容。

自动稳压原理：假设由于负载变大或者其他某种原因使得输出电压 U_O 下降。这电压将会被取样电路获取，此时电位器中点电压也会成比例地下降。对于放大管 VT_4 来讲，基极电压下降将会导致集电极电压上升。由于调整管 VT_3 基极电压上升，就会导致其发射极电压上升，即输出电压上升。显然这是一个负反馈的自动稳压过程。

3. 实验内容与步骤

（1）在 Multisim 10 软件中按图 5-16 绘制电路。

（2）将电源调至交流 12V，将晶体管的放大倍数调到 200。

（3）测量晶体管 VT_3、VT_4 静态工作点电压，并记录。

4. 实验数据与结果

（1）用图示仪测量晶体管元件：

1）当 $U_{CE} = 6V$、$I_c = 10mA$ 时，测量晶体管 β 值为_____；

2）当 $I_{ceo} = 0.2mA$ 时，测量晶体管 $U_{CEO} =$ _____；

（2）用数字式万用表实测电路电压：

1）当输出直流电压调到____V 时，测量 A 点电压 U_A 为_____；

2）当输出直流电压调到____V 时，测量 B 点电压 U_B 为_____；

3）当输出直流电压调到____V 时，测量 C 点电压 U_C 为_____；

4）当输入电压为 12V 时，测量输出电压的调节范围_____；

5）当输入电压变化（±10%）、输出负载不变时，测量输出电压为_____。

5.17 可调正负稳压电源电路功能测试

1. 实验目的

（1）了解集成可调正负稳压电源电路的结构。
（2）掌握集成可调正负稳压电源的使用方法。
（3）巩固电源外特性的测量方法。

2. 实验原理

可调正负稳压电源电路如图5-17所示。

本电路采用具有中心抽头的变压器，可以提供正反两组交流电源。整流电路采用全波整流，再经过电容滤波供给稳压电路。滤波电容有两个，220μF 电容用作电源滤波，0.33μF 电容用于滤除高频干扰。滤波后的电压经 LM317 和 LM337 可调三端稳压器调整后，再经电容滤波后输出。

电路中 LM317 输出正电源，LM337 输出负电源，电位器 RP_1、RP_2 可以改变输出电压的大小。R_{L1}、R_{L2}、R_{L3}是输出负载，闭合不同开关，可以改变负载大小，以便得出电源输出特性。

3. 实验内容与步骤

（1）在 Multisim 10 软件中按图5-17所示绘制电路。
（2）将电源调至交流12V。
（3）用双踪示波器实测，并画出输出正负电源的电压波形。

可调正负稳压
电源电路

4. 实验数据与结果

（1）将电位器 RP_1、RP_2阻值调至0，用双踪示波器观察并记录正负电源的电压输出波形图，并标出幅值。
1）正电源电压输出波形：

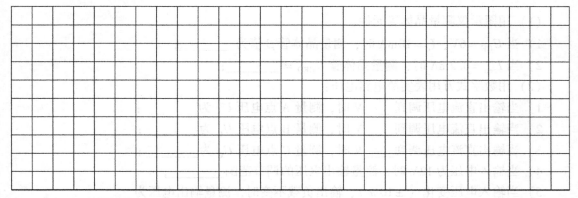

2）启电测出电压输出变化;

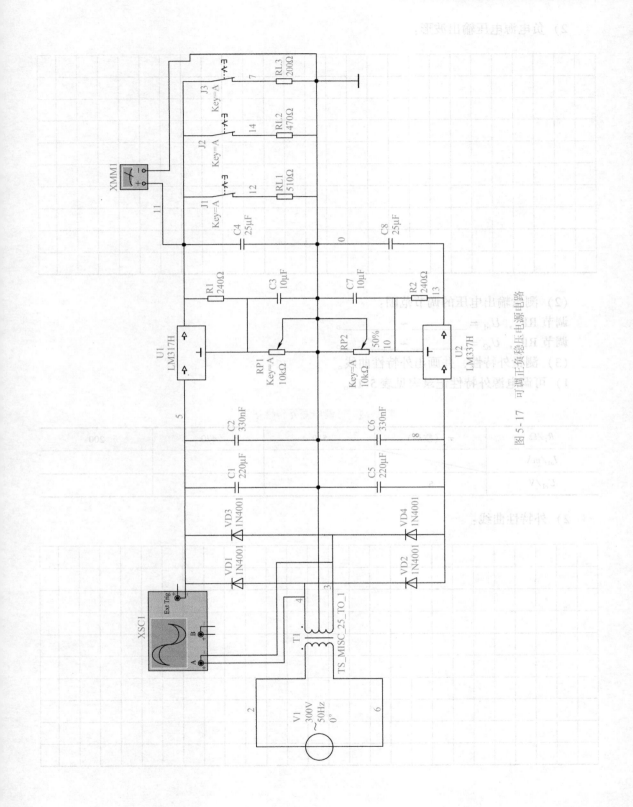

（2）简单输出电压电路如下所示:

接好,且接通……, U_{12} ……

调节 RP 改变电路……, U_{0} ……

（3）根据实验记录数据,画出特性……

1）可调正负稳压电源电路:

图 5 - 17

图 5 - 17　可调正负稳压电源电路

2）……

2）负电源电压输出波形：

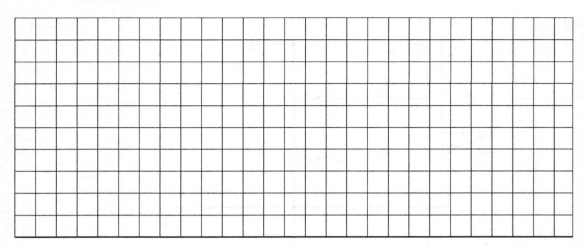

（2）测量输出电压的调节范围：

调节 RP$_1$，U_{o1} = ＿＿＿＿＿＿ ～ ＿＿＿＿＿＿。

调节 RP$_2$，U_{o2} = ＿＿＿＿＿＿ ～ ＿＿＿＿＿＿。

（3）测量外特性，并画出外特性曲线。

1）可调电源外特性记录表见表 5-13。

表 5-13　可调电源外特性记录

R_L/Ω	∞ （空载）	510	470	200
I_{o1}/mA				
U_{o1}/V	5			

2）外特性曲线：

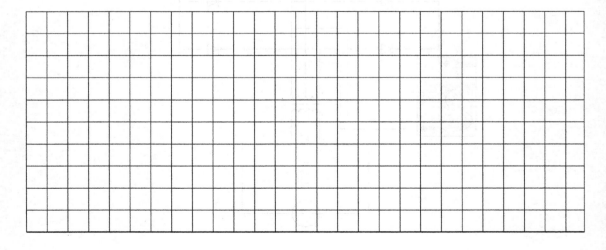

7908 三端稳定元正负稳压后，将三输出的正反两端都输出，

电压中，7808 输出正电压，7908 输出负电压，在 R_L 、R_{12} 、R_{13} 负载电阻处，即可得到正反两组直流电。

3．实验内容与步骤

（1）在 Multisim 10 软件中绘制如图 5-18 所示电路。

（2）将电源调到至直流 12V。

（3）用万用表测量实测量，测量出正负电压。

4．实验结果与结论

（1）用万用表测量实测量，记录电源的电压值，记录电阻，并记下相

1）正电源电压输出为：

5.18 78/79 系列正负稳压电源电路功能测试

1. 实验目的

（1）了解 78/79 系列正负稳压电源的结构。

（2）掌握 78/79 系列正负稳压电源的使用方法。

（3）巩固稳压电源外特性的测量方法。

2. 实验原理

78/79 系列正负稳压电源电路如图 5-18 所示。

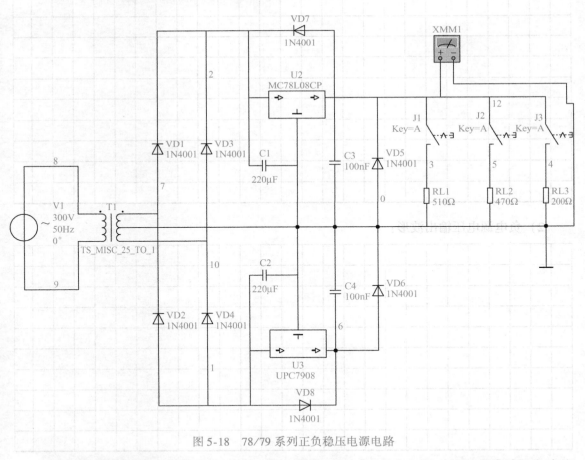

图 5-18 78/79 系列正负稳压电源电路

本电路采用具有中心抽头的变压器，可以提供正反两组交流电源。整流电路采用全波整流，再经过电容滤波供给稳压电路。220μF 电容用作电源滤波，滤波后的电压经 7808 和

7908 三端稳压器调整后，再经输出电容滤波输出。

电路中，7808 输出正电源，7909 输出负电源，R_{L1}、R_{L2}、R_{L3} 是输出负载，闭合不同开关，可以改变负载大小，以便得出电源输出特性。

3. 实验内容与步骤

(1) 在 Multisim 10 软件中绘制图 5-18 所示电路。

(2) 将电源调至交流 12V。

(3) 用双踪示波器实测，并画出正负电源输出电压波形。

78/79 系列正负
稳压电源电路

4. 实验数据与结果

(1) 用双踪示波器观察并记录正负电源的电压输出波形图，标出幅值。

1）正电源电压输出波形：

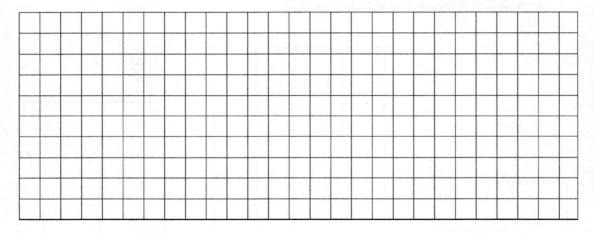

2）负电源电压输出波形：

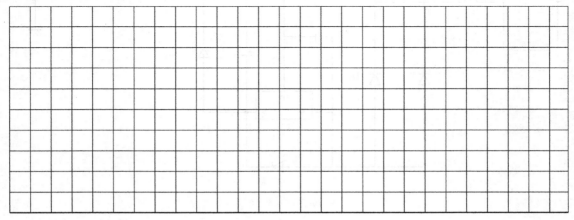

(2) 测量外特性，并画出外特性曲线。

1）稳压电源外特性记录见表 5-14。

表 5-14　电源外特性记录

R_L/Ω	∞（空载）	510	470	200
I_{o1}/mA				
U_{o1}/V	8			

2）外特性曲线：

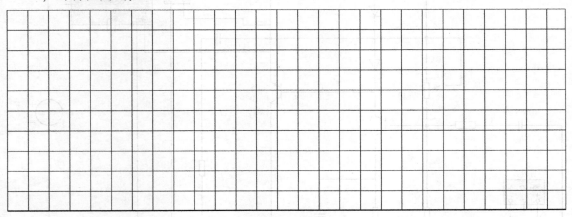

5.19　OTL 功率放大电路功能测试

1. 实验目的

（1）了解 OTL 功率放大电路的性能指标与电路特点。

（2）熟悉推挽放大电路、自举电路的构成与功能。

（3）掌握克服交越失真的方法。

2. 实验原理

OTL 功率放大电路如图 5-19 所示。

晶体管 VT_3 为前置放大级，VT_4 和 VT_5 组成互补对称功率放大电路。RP 为调节元件。输入信号经 C_1 耦合到晶体管 VT_3 的基极，经晶体管 VT_3 激励放大后从集电极输出，再送入功率放大管 VT_4、VT_5 的基极，经 VT_4、VT_5 推挽功率放大后，由 C_3 耦合到负载（此处用 R_6 代替扬声器）。

OTL 输出中点直流电压约为电源电压的一半，当信号输入时，VT_4 放大上半周，VT_5 放大下半周信号，两半周信号使 VT_4、VT_5 轮流导通与截止，然后经电容 C_3 充电与放电，充放电电流流过扬声器发出声音。

功率放大管 VT_4、VT_5 选用 PN3643 和 PN3644，要求 PNP 和 NPN 是配对管，两管性能基本相同，β 值接近。R_4、C_4 组成自举电路，可以提高电路输出信号的幅度。

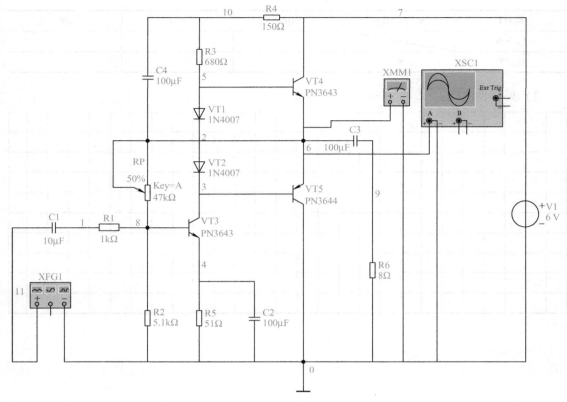

图 5-19　OTL 功率放大电路

3. 实验内容与步骤

（1）在 Multisim 10 软件中绘制图 5-19 所示的电路。

（2）将电源调至直流 6V，将晶体管的放大倍数调到 200。

（3）静态工作点的调整：调节电位器 RP，测量 6 号线的直流电压，使 $U=3V$。

（4）提高输入正弦电压的幅值，使输出电压达到最大值，但使失真尽可能小，测量并读出此时输入及输出电压的有效值。用双踪示波器实测，并记录相关各点波形。

4. 实验数据与结果

（1）测量最大的输出功率 P_{om}：在放大器的输入端输入 1kHz 的正弦波信号，逐渐提高输入电压的幅值，使输出电压达到最大值，但使失真尽可能小，测量并读出此时输入及输出电压的有效值，填入表 5-15。

表 5-15　电压电流测量记录

U_i	U_o	R_6	$P_{om} = U_o^2/R_6$

（2）记录输出波形。

1）无交越失真波形：

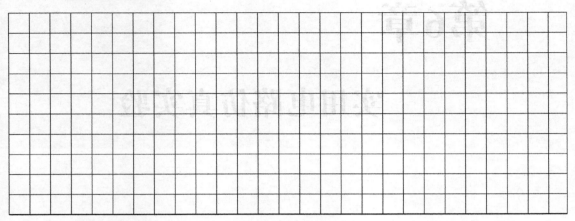

2）有交越失真波形（短接 VT_4、VT_5 基极，使 VT_1、VT_2 失效）：

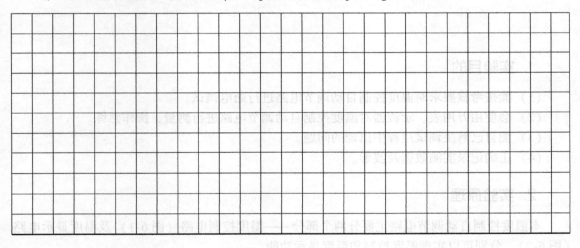

第6章

实用电路仿真实验

1. 实验目的

（1）能按考核要求对温度控制自动调节电路进行通电调试。

（2）会使用万用表、示波器对温度控制自动调节电路进行测量，操作熟练。

（3）能自己解决调试过程中出现的问题。

（4）正确记录实测数据及波形。

2. 实验原理

本温度控制自动调节电路主要分两个部分——温度控制电路（图6-1）及温度显示电路（图6-2），分别可以实现温度控制和温度显示功能。

（1）温度控制电路功能简介。温度控制由加热电路、温度设定、温度采样、温度控制等组成。

1）加热电路：电阻 R_0 为 20Ω 水泥发热电阻，电路得电即开始加热且永不停止，只有断电才停止加热。

2）温度设定部分：接通电源，稳压管获得 $5.1V$ 左右稳定电压，调节并联在稳压管两端的 R_{V1}，R_{V2} 可以调节设定温度。

3）温度采样部分：本电路采用 LM35 作为温度传感器，此传感器能产生 $10mV/℃$ 电信号，紧贴在 R_0 水泥发热电阻上，可以及时采样到电阻温度。

4）温度控制电路：将设定温度及采样温度的两个电压信号送到运算放大器 U_1 输入端，进行电压比较，当实际温度高于设定温度时，第一级运算放大器输出高电平信号，经第二级运算放大器同相比例放大输出高电平，经 VT_1 推动驱动风扇降温。当温度降至设定温度以下时，风扇停止。

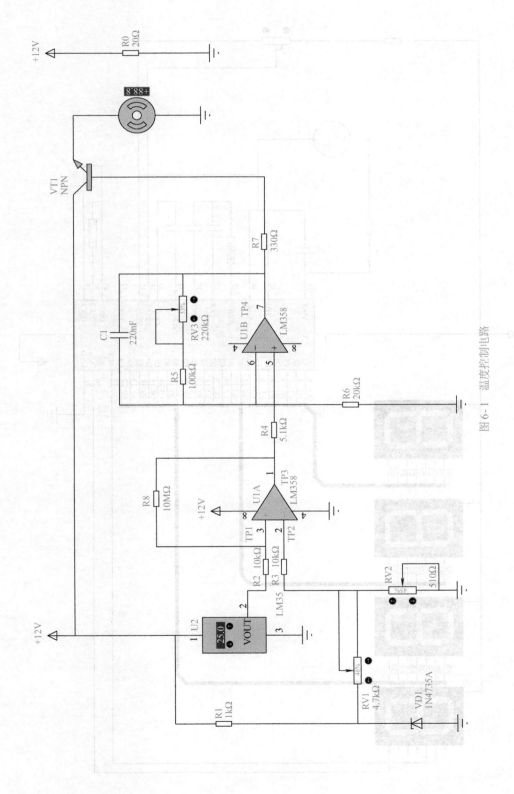

图6-1 温度控制电路

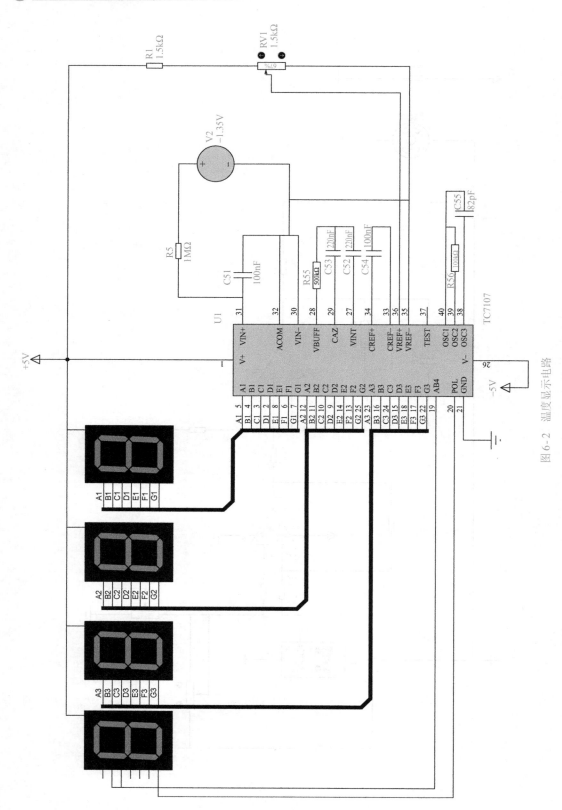

图6-2 温度显示电路

为了防止风扇频繁起动，第一级运算放大器采用了滞回特性比较，调节 R_8 可以改变滞回的宽度。

（2）温度显示电路功能简介。本电路采用 7107 构成基本直流电压表，电压信号从 31 脚输入，由 7107 直接转换成 3 位半数字信号，送至数码管显示。

实际电路中，31 脚的电压信号由温度控制电路中的设定电压或 LM35 输出的实测电压输送过来。只要接一个小开关即可控制显示哪一路信号。图中电压信号来自于电压源 V_2。

35、36 脚是 7107 芯片基准电源的输入端，调节 R_{V1} 即可改变基准电压的高低，同时一旦改变了基准电压，数码管显示的数值就会发生相应改变，因此可以称 R_{V1} 是表头校准电位器。

3. 实验内容与步骤

（1）在 Proteus 软件中搭建如图 6-1 所示温度控制仿真电路并保存。

（2）单击"仿真"按钮，开始仿真。将设定温度设定在 50℃，调节 LM35 的温度，使风扇运转或停转，将电路各关键点的电压记录在表 6-1 中。

（3）在 Proteus 软件中搭建如图 6-2 所示温度显示仿真电路并保存。

（4）单击"仿真"按钮，开始仿真。将模拟输入信号 V_2 的电压调节至 1.50V，调节 R_{V1} 使数码管显示与信号源电压一致。

（5）利用虚拟示波器测试 7107 集成电路 40 脚的信号波形，记录波形并计算相关参数。

4. 实验数据与结果

（1）温度控制电路各关键点的电压记录见表 6-1。

表 6-1　温度控制电路电压测量值

测试点	TP1	TP2	TP3	TP4
风扇运转时				
风扇停转时				

（2）测试 7107 集成电路 40 脚的信号波形，记录波形并计算相关参数，见表 6-2。

表 6-2　7107 集成电路 40 脚波形及参数记录

	幅度档位：	时间档位：
	峰-峰值：	周期读数：
		频率读数：

5. 思考题

（1）第二级运算放大器接成什么电路？

（2）如果 TP3 输出为高电平而风扇仍然不转，则应调整电路中哪些元件参数？

1. 实验目的

（1）能按考核要求对声光控制楼道灯电路进行通电调试。
（2）会使用万用表、示波器对考核电路进行测量，操作熟练。
（3）能自己解决调试过程中出现的问题。
（4）正确记录实测数据及波形。

2. 实验原理

声光控制楼道灯电路如图 6-3 所示，电路主要分为两个部分——控制电路及主电路，分别可以实现声光控制和照明功能。

主电路：主电路由小灯 HL_1、整流桥堆 VD_1、可控硅 VD_2 组成。

可控硅没有触发导通时，小灯熄灭。但是交流电源仍然可以通过小灯 HL_1 及桥堆 VD_1 向控制电路供电。交流电经过 VD_3 半波整流，再经过 R_2 限流，经稳压管 VD_4 稳压输出约 6.2V 直流电压，供给控制电路。

如果可控硅触发导通，则交流电源经过小灯 HL_1、桥堆 VD_1、可控硅 VD_2 形成闭合通路，小灯点亮。而此时控制电路由于可控硅的导通得不到交流电源的电能补充，只能依靠电容 C_1 里存储的电荷供电。此时电容 C_1 的作用是维持控制电路的电源供给，如果没有 C_1，控制电路没有电源，可控硅会立刻转入截止状态，小灯也会瞬间熄灭。所以电容 C_1 的作用有两个，一是电源滤波，二是小灯点亮时给控制电路提供电源。

控制电路：当光线照射到光敏电阻（用电位器 RP_7 代替）上时，其阻值变得很小（调节电位器实现），使与非门 TP_6 脚为低电平，U_{o1} 脚被锁定为高电平，与 TP_5 脚的输入电平高低无关，所以电路封锁了声音通道，使声音信号不能通过。这时 U_{o4} 脚输出低电平，VD_2 无触发信号，不导通，小灯不亮。

当光敏电阻无光照时呈高阻，使与非门 TP_6 脚变成高电平，U_{o1} 脚的输出状态受 TP_5 脚输入电平控制。没有声音信号时，晶体管 VT_1 工作在饱和状态，TP_5 脚为低电平。当扬声器（用电位器 RP_6 代替）接受到声音信号时，该信号经晶体管 VT_1 放大，VT_1 由饱和状态进入

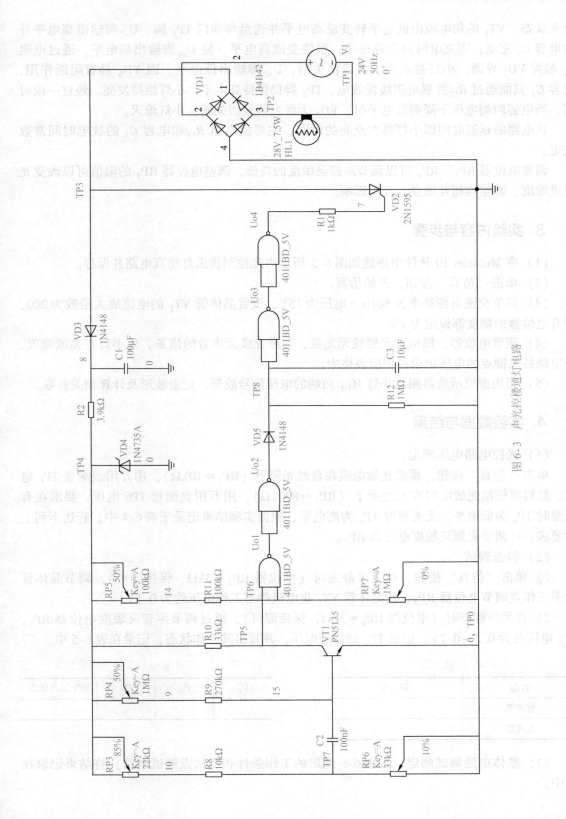

图 6-3 声光控楼道灯电路

放大状态，VT_1 的集电极由低电平转变成高电平并送至与非门 TP_5 脚，U_{o2} 脚输出高电平并对电容 C_3 充电，因充电时间常数很小，很快变成高电平，使 U_{o4} 脚输出高电平，通过电阻 R_1 触发 VD_2 导通，小灯被点亮。声音消失后，U_{o2} 脚输出低电平，因 VD_5 具有阻断作用，电容 C_3 只能通过 R_{12} 并联电阻缓慢放电，TP_8 脚仍保持高电平，小灯维持发亮。经过一段时间，当电容两端电压下降到低电平时，VD_2 无触发信号而关断，小灯熄灭。

该电路的延迟时间即小灯每次点亮的时间，主要由电阻 R_{12} 和电容 C_3 的放电时间常数决定。

调整电位器 RP_3、RP_4 可以调节声控灵敏度的高低，调整电位器 RP_5 的阻值可以改变光控灵敏度，调整均相互独立，互不影响。

3. 实验内容与步骤

（1）在 Multisim 10 软件中搭建如图 6-3 所示声光控制楼道灯仿真电路并保存。

（2）单击"仿真"按钮，开始仿真。

（3）调节交流电源频率为 50Hz、电压为 15V，设置晶体管 VT_1 的电流放大倍数为 200，所有电位器的精度都设定为 1%。

（4）调节电位器，模拟有光照或无光照、有声音或无声音的情景，使小灯点亮或熄灭，将电路各关键点的电压记录在相应表格中。

（5）利用虚拟示波器测试小灯 HL_1 两端的电压信号波形，记录波形及计算相关参数。

4. 实验数据与结果

（1）光控电路电压测定。

单击"仿真"按钮，模拟光敏电阻在自然光照下（$RP_7 \approx 10k\Omega$），用万用表测量 TP_6 电压。然后再模拟光敏电阻在无光照下（$RP_7 \approx 800k\Omega$），用万用表测量 TP6 电压。要求在有光照时 TP_6 为低电平，无光照时 TP_6 为高电平，根据实测结果记录于表 6-4 中，若达不到上述要求，可调节光照灵敏度电位器 RP_5。

（2）静态调试。

1）单击"仿真"按钮，在无声静态时（电位器 $RP_3 \approx 3k\Omega$，保持即可），调节晶体管静态工作点调节电位器 RP_4，使晶体管 VT_1 集电极静态工作电压约为 0.1V。

2）在无声静态时（电位器 $RP_3 \approx 3k\Omega$，保持即可），通过调节声音灵敏度电位器 RP_2，TP_5 电压约为 0.5～0.7V，记录 TP_2 的静态电压，并写出其工作状态，记录在表 6-5 中。

表 6-4　光敏测量记录

状态	TP_6/V
有光照	
无光照	

表 6-5　晶体管静态工作点测量记录

U_C	U_B	U_E	VT_1 工作状态

（3）整体电路调试测定。按表 6-6 规定的工作条件和测试点调试电路，将结果记录在表中。

表 6-6　整体电路测量记录表

序号	工作条件	各测试点电压值/V							灯状态
		TP_5	TP_6	U_{o1}	U_{o2}	TP_8	U_{o3}	U_{o4}	
1	光敏电阻受光，有声响								
2	光敏电阻受光，无声响								
3	光敏电阻遮光，有声响								
4	光敏电阻遮光，无声响								

注：用示波器观察 TP_5、U_{o1}、U_{o2} 电压的变化，其他测量点用万用表测量。

（4）记录波形。

1）接通电源，灯不亮时灯泡两端的波形和参数记录（表 6-7）：

表 6-7　灯不亮时灯泡两端波形和参数记录

记录示波器波形	示波器	
	幅度档位：	时间档位：
	峰–峰值：	周期读数：

2）接通电源，灯亮时灯泡两端的波形（表 6-8）：

表 6-8　灯亮时灯泡两端波形和参数记录

记录示波器波形	示波器	
	幅度档位：	时间档位：
	峰–峰值：	周期读数：

5. 思考题

（1）电路中二极管 VD$_1$ 起什么作用？如果去掉它有什么影响？

（2）在电源开启后，小灯不亮时，灯泡是否有电流通过？它起什么作用？

（3）电容 C_1 有什么作用？

6.3 汽车闪光器1仿真测试

1. 实验目的

（1）了解继电器构成振荡电路的工作原理。
（2）掌握 NPN、PNP 晶体管的三种工作状态。
（3）掌握 RC 电路的充放电常数。
（4）会在原理图中设置故障，观察故障现象，掌握电路的基本排故方法。

2. 实验原理

汽车闪光器电路 1 如图 6-4 所示。假设开机时 S$_1$ 打在中间，并没有接通左右转向灯。电源通过 VT$_1$ 的发射极经 C_1、R_3、R_4 构成通路，电容 C 也得到充电。开机时充电，瞬间电流会很大。但是由于时间常数很小，电容瞬间会充满电，充电时间为微秒级。VT$_2$ 虽然得到基极电流，但是由于时间太短，不能使继电器 K2 吸合。电容器 C_1 电荷充满以后，VT$_1$ 没有基极电流处于截止状态，VT$_2$ 没有基极电流也处于截止状态。由于 VT$_1$ 通过发射极连接电源，所以它的基极是高电平。由于 VT$_2$ 截止，所以它的集电极也是高电平。继电器的输出触点因为通过 R_1（68kΩ）连到 VT$_1$ 的基极，所以也是高电平。

将 S$_1$ 拨至左面或右面，接通左右转向灯。VT$_1$ 的基极经过 R_1 连接左右转向灯后接地，构成通路，VT$_1$ 基极有电流，继而其集电极有电流，VT$_2$ 基极就有电流流过。VT$_2$ 饱和导通，继电器 K$_2$ 得电吸合，触点闭合，左右转向灯亮。

由于继电器触点闭合，所以电流经触点到 R_1 到 VT$_1$ 基极，R_1 左右都是高电平，电流将归零。此时 VT$_1$ 似乎要截止了，但是由于此时 VT$_2$ 饱和导通，VT$_2$ 的集电极是低电平，所以电流经 VT$_1$ 发射极到 R_2、C_2 再到 VT$_2$ 集电极后接地，也构成通路，对 C_2 充电。充电电流就是 VT$_1$ 的基极电流，此时 VT$_2$ 可以维持饱和导通。随着充电的进行，C_2 电压越来越高，最终充满，停止充电，VT$_2$ 截止，继电器释放，小灯熄灭。

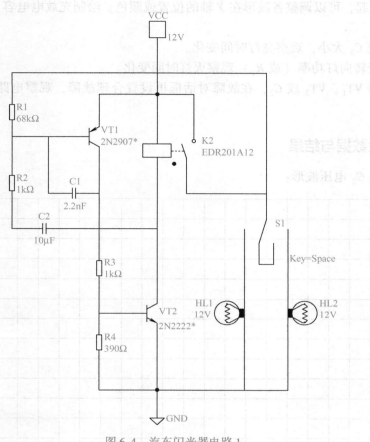

图6-4　汽车闪光器电路1

左右转向灯熄灭后，电容器 C_2 上的电荷通过 R_2、R_1、转向灯放电，当电容电压比较低时，电源又可以通过 VT_1 发射极、R_1、转向灯构成通路，VT_1 导通，VT_2 饱和，然后继电器吸合转向灯点亮。然后 C_2 再充电，如此循环。

需要说明的是，如果开关 S_1 拨至左侧，但是没有接通外接的转向灯，那么，电源只可以通过 VT_1 发射极、R_1 到达继电器触点，未接地，形不成 VT_1 的基极电流，电路将不能起振，继电器不会动作，转向灯不会闪烁（当然转向灯都没接通）。不要天真地认为电路完好就一定会起振，本电路必须接好外接小灯才能正常工作。

3. 实验内容与步骤

（1）在 Multisim 10 软件中搭建如图6-4所示汽车闪光器1仿真电路并保存。注意将电源电压调至12V。

汽车闪光器1

（2）将两个晶体管电流放大倍数设置为300，将小灯的功率设置为5W，继电器额定电压选择12V。在仿真原理图中添加虚拟示波器，将示波器探头接到电容器 C_1、C_2 上。

（3）将开关 S 拨至在中间，单击"仿真"按钮，开始仿真。

（4）将开关 S 拨至在右（或左）侧观察电路工作情况，打开示波器观察波形。为避免波形交织在一起，可以调整各波形在 Y 轴的位置或颜色。绘制充放电电容 C_1、C_2 两端电压波形。

(5) 改变 C_2 大小，观察亮灯时间变化。

(6) 改变转向灯功率（或 R_1）观察灭灯时间变化。

(7) 双击 VT_1、VT_2 或 C_2，在故障对话框里设置合理故障，观察电路故障现象，分析原因。

4. 实验数据与结果

电容 C_1、C_2 电压波形：

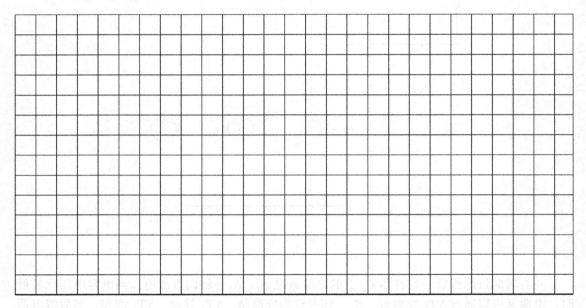

5. 思考题

(1) 电容 C_1 在电路中起什么作用？

(2) 设电路有一故障，电源开启后，VT_1 发射极电压为 12V 正常，而基极电压无论开关 S 拨至什么位置，一直都是 0V，请分析原因。

(3) 设电路有一故障，开关 S 拨至转向，电源开启后，VT_1 发射极电压为 12V 正常，而基极电压为 11.3V。VT_2 集电极电压为 12V、基极电压为 3.3V，请分析可能是什么故障。

（3）VT₁ 截止，VT₂ 截止的原因并不是因图形偏，因 C₂ 放电电压远（T₂=0.7R_{B₂}·C₂ 后），出上 C₂，使 VT₁ 的基极电位逐渐 ... 高，达到约 0.7V 时，由于 VT₁ 获得偏置电压 ... C 极 VT₁ 的 C 极 ... 后 R_{₁}后，同图 ... 因 ... 是 VT₁ 的 BE 结了瞬时间内充电达到 Vcc。

（4）同理，C₁ 放电电压（T=0.7 R_{B₁} C₁），VT₁ 约 5.6 R_{B₁}，此时偏压而导通，VT₂ 截止，如此周期性反复，此反复如此不息。

由此振荡周期 T=T₁+T₂=0.7 R_{B₂} C₂+0.7 R_{B₁} C₁ ... 回路 ...
取 T=1.4R₂C。

1. 实验目的

（1）学会分析无稳态多谐振荡器工作原理。

（2）学会对晶体管无稳态多谐振荡器的调试和测定。

（3）会在原理图中设置故障，观察故障现象，掌握电路的基本排故方法。

2. 实验原理

此电路输出并不会固定在某一稳定状态，其输出会在两个稳态（饱和或截止）之间交替变换，因此输出波形近似一个方波。

如图 6-5 所示即为汽车闪光器 2 电路，电路由两部分组成，VT₁、VT₂ 组成的无稳态多谐震荡器电路，VT₃ 组成输出驱动电路。图中两个晶体管 VT₁、VT₂ 在"VT₁ 饱和/VT₂ 截止"和"VT₁ 截止/VT₂ 饱和"两种状态下周期性地互换，其工作原理如下：

（1）如当 V_{CC} 接上瞬间，VT₁、VT₂ 分别由 R_{B1}、R_{B2} 获得正向偏压，同时 C_1、C_2 亦分别经 R_{C1}、R_{C2} 充电。

（2）由于 VT₁、VT₂ 的特性无法百分之百相同，假设晶体管 VT₁ 电流增益比另一个晶体管 VT₂ 高，则 VT₁ 会比 VT₂ 先进入饱和状态，而当 VT₁ 饱和时，其集电极会产生一个负脉冲，此脉冲通过 C_2 传递到 VT₂ 基极，VT₂ 截止。同时 C_1 经 R_{C2} 及 VT₁ 的 BE 结于短时间内完成充电，达到 V_{CC}。

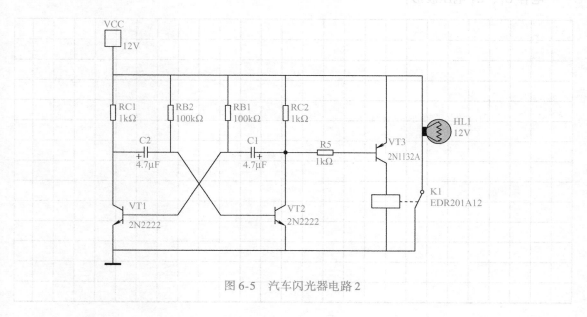

图 6-5　汽车闪光器电路 2

（3）VT$_1$ 饱和、VT$_2$ 截止的情形并不是固定的，当 C_2 放电完后（$T_2 = 0.7 R_{B2} C_2$），C_2 由 V_{CC} 经 R_{B2}、VT$_1$ 的 CE 结反向充电，当充到 0.7V 时，此时 VT$_2$ 获得偏压而进入饱和状态，C_1 由 VT$_2$ 的 CE 结、V_{CC}、R_{B1} 放电，同样地，造成 VT$_1$ 的 BE 结逆偏压，VT$_1$ 截止，C_2 经 R_{C1} 及 VT$_2$ 的 BE 结于短时间充电至 V_{CC}。

（4）同理，C_1 放完电后（$T = 0.7 R_{B2} C_1$），VT$_1$ 经 R_{B1} 获得偏压而导通，VT$_2$ 截止，如此反复循环下去。

电路的振荡周期 $T = T_1 + T_2 = 0.7 R_{B1} C_1 + 0.7 R_{B2} C_2$，若 $R_{B1} = R_{B2} = R_B$，$C_2 = C_1 = C$，则 $T = 1.4 R_B C$。

3. 实验内容与步骤

汽车闪光器 2

（1）在 Multisim 10 软件中搭建如图 6-5 所示汽车闪光器 2 仿真电路并保存。注意将电源电压调至 12V。

（2）将两个晶体管电流放大倍数设置为 300，将小灯的功率设置为 5W，继电器额定电压选择 12V。在仿真原理图中添加虚拟示波器，将示波器探头接到电容器 C_1、C_2 上。

（3）单击"仿真"按钮，开始仿真。

（4）打开示波器观察波形。为避免波形交织在一起，可以调整各波形在 Y 轴的位置或颜色。绘制充放电电容 C_1、C_2 两端电压波形。

（5）改变 C_1、C_2 大小（R_{B1}、R_{B2}），观察亮灯时间变化。

（6）双击 VT$_1$、VT$_2$ 或 C_2 在故障对话框里设置合理故障，观察电路故障现象，分析原理。

4. 实验数据与结果

电容 C_1、C_2 电压波形：

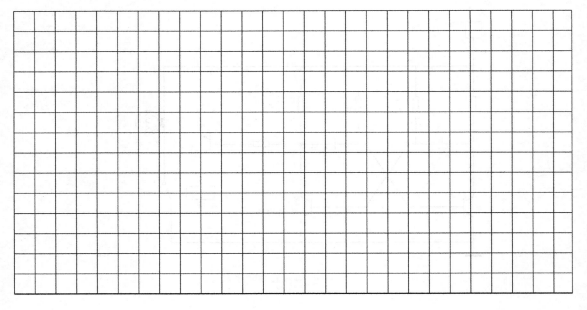

5. 思考题

（1）为什么 VT_3 采用 PNP 晶体管？

（2）设电路有一故障，电源开启后，VT_1 集电极电压为 0.2V、基极电压为 0.7V，而 VT_2 集电极电压为 12V、基极电压为 12V，小灯一直不亮。请分析原因。

（3）设电路有一故障，电源开启后，VT_1、VT_2 集电极电压正常，有高低变化，而继电器不动作。经测 VT_3 基极电压为 11.9V、集电极电压为 0V。请分析可能是什么故障。

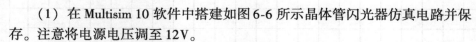

6.5　晶体管闪光器仿真测试

1. 实验目的

（1）学会分析无稳态多谐振荡器工作原理。
（2）能够对晶体管无稳态多谐振荡器的调试和测定。
（3）会在原理图中设置故障，观察故障现象，掌握电路的基本排故方法。

2. 实验原理

　　如图 6-6 所示即为晶体管闪光器电路。该电路是一个 RC 自激振荡电路。$R_1 C_1$ 组成正反馈电路，改变 $R_1 C_1$ 可改变振荡频率。C_2 起负反馈作用。R_5 和转向灯组成检测电路，当转向灯断路时，VT_1 处于饱和状态，VT_2 处于截止状态，从而继电器不工作。当 VT_2 导通时，继电器触点闭合转向灯亮，当 VT_2 截止时，继电器触点断开转向灯灭。

3. 实验内容与步骤

晶体管闪光器

（1）在 Multisim 10 软件中搭建如图 6-6 所示晶体管闪光器仿真电路并保存。注意将电源电压调至 12V。
（2）将两个晶体管电流放大倍数设置为 200，将小灯的功率设置为 5W，继电器额定电压选择 12V。在仿真原理图中添加虚拟示波器，将示波器探头接到电容器 C_1 上。
（3）单击"仿真"按钮，开始仿真。
（4）打开示波器观察波形。
（5）改变 C_1、R_1 大小，观察转向灯闪烁周期变化。

（6）双击 VT_1、VT_2 或继电器，在故障对话框里设置合理故障，观察电路故障现象，分析原理。

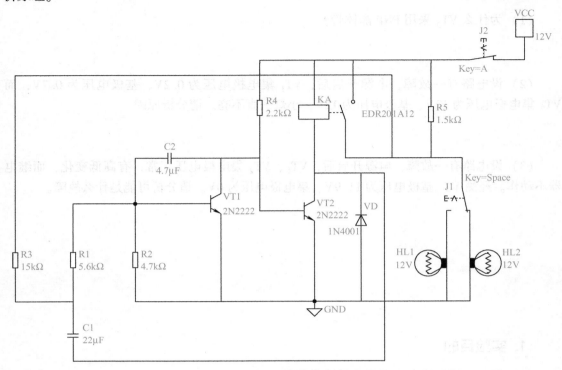

图 6-6　晶体管闪光器

4. 实验数据与结果

电容 C_1 电压波形：

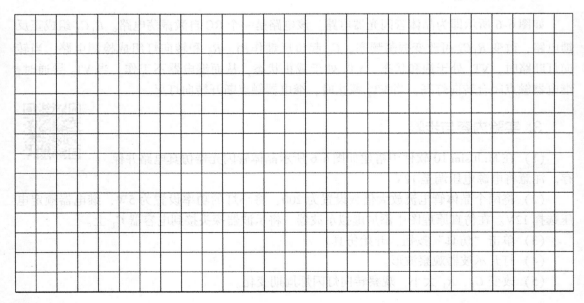

5. 思考题

（1）简述晶体管闪光器的工作原理。

（2）设电路有一故障，电源开启后，VT_1 集电极电压为 0.8V、基极电压为 2.3V，而 VT_2 集电极电压为 0.1V，小灯一直亮。请分析原因。

（3）设电路有一故障，电源开启后，若只有左闪光灯亮，右闪光灯不亮。请分析故障原因。

6.6 晶体管电压调节器仿真测试

1. 实验目的

（1）了解继电器构成振荡电路的工作原理。
（2）掌握 NPN、PNP 晶体管的三种工作状态。
（3）会在原理图中设置故障，观察故障现象，掌握电路的基本排故方法。

2. 实验原理

如图 6-7 所示是晶体管电压调节电路，适用于内搭铁式交流发电机。

VT_2 是大功率管，用来接通和切断发电机的励磁回路。VT_1 是小功率管，用来放大控制信号。稳压管 VZ 是感应元件，串联在 VT_1 基极回路中，感受发电机的电压变化。R_1、RP_2、R_3 组成一个分压器，B 点电压（称检测电压）反向加在稳压管 VZ 上，当发电机电压达到规定的调整值时，其值正好等于稳压管的反向击穿电压。R_4 是集电极电阻，同时也是 VT_2 的偏置电阻。VD 为续流二极管，为 VT_2 截止时励磁绕组产生的自感电动势续流，保护 VT_2。电容 C_1 用来降低开关频率，减少功率损耗。

（1）起动与低速。接通点火开关，发电机开始运转，发电机在建立电压的过程中，或电压虽已建立，但发电机的电压尚低于调节器的调压值时，分压器上 B 点的电压小于稳压管 VZ 的反向击穿电压，VZ 不导通，VT_1 因无基极电流而截止。而此时 VT_2 通过 R_4 加有较高的正向偏置电压，饱和导通接通励磁电流。

（2）调压。随着发电机转速的升高，发电机端电压升高，当发电机电压稍高于调节值

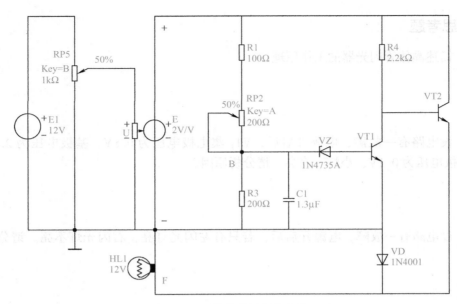

图6-7　晶体管电压调节电路

时，B 点的检测电压便达到了稳压管的反向击穿电压值，VZ 被击穿导通，使 VT₁ 产生较大的基极电流而使 VT₁ 饱和导通。于是 VT₂ 的基极被接地，VT₂ 截止，切断了励磁回路，发电机电压下降。当端电压低于调节值时 VZ 截止，VT₁ 截止，VT₂ 又导通。如此反复，维持发电机的输出电压在规定的范围内。

3. 实验内容与步骤

（1）在 Multisim 10 软件中搭建如图 6-7 所示晶体管电压调节器仿真电路并保存。

（2）注意将 E1 电源电压调至 12V。电压控制电压源 E 的控制系数调节为 2V/V。将两个晶体管电流放大倍数设置为 300，将小灯的功率设置为 1W，设置电位器的控制按键为 A、B 键，将两个电位器的调节精度设置为 1%。

（3）在电路输出点 F 与地之间接一 12V 的小功率灯泡，用来模拟励磁绕组。同时也便于观察励磁绕组有无电流。

（4）单击"仿真"按钮，开始仿真。

（5）改变 RP₅ 以调节电压控制电压源的输出电压，使受控源的电压由 0 开始上升，模拟起动与低速阶段。使"＋"的电压等于 12V。

（6）改变 RP₂ 以调节励磁的控制电压，记录 B 点的电压变化范围。

（7）记录小灯刚好点亮和刚好熄灭两种状态下，励磁电流的大小以及 B 点电压。VT₁ 基极电压、VT₂ 基极电压。最终要求调节到小灯刚好灭掉为宜，也就是当发电机电压大于等于 12V 时，没有励磁。

（8）改变 RP₅ 以调节电压控制电压源的输出电压，模拟发电机端电压变化，观察励磁变化。

（9）关闭仿真，结束实验。

4. 实验数据与结果

（1）发电机电压为 12V 时，B 点的电压变化范围_____ ~ _____ V。

（2）电路静态工作点测量见表 6-9。

表 6-9　电路静态工作点记录

电 路 状 态	各点测量电压/V			电流/A
	B 点	VT$_1$ 基极	VT$_2$ 基极	小灯

5. 思考题

（1）简述晶体管电压调节器的工作原理。

（2）若晶体管电压调节器无电压输出，应该怎样查找故障？

（3）若 VT$_2$ 被击穿，会发生什么情况？

参 考 文 献

［1］王连英. 基于 Multisim 10 的电子仿真实验与设计 ［M］. 北京：北京邮电大学出版社，2009.

［2］王廷才. 电工电子技术 Multisim 10 仿真实验 ［M］. 2 版. 北京：机械工业出版社，2014.

［3］瞿红. 电工实验及计算机仿真 ［M］. 北京：中国电力出版社，2009.